无籽沙糖橘开放的花朵

无籽沙糖橘的标准果实

无籽沙糖橘萌梢能力强，一个叶芽
最多可萌发8条新梢

无籽沙糖橘第一次生理落果（带果柄）和
第二次生理落果（不带果柄）的果实

无籽沙糖橘的中型果实

无籽沙糖橘V₁代的单株结果状况

无籽沙糖橘的球果

经过保鲜贮藏90天的果实

无籽沙糖橘与有籽品种杂交，
果实产生种子

无籽沙糖橘自交产生无籽果实

山地发展无籽沙糖橘，要山顶戴帽（保留水源林）山下有水（鱼塘）

利用徒长枝，快速形成树冠

500毫克/升抑霉唑浸泡处理沙糖橘，具有显著的防病效果

过滤器、施肥桶、水泵等

黄龙病初发病树的均匀黄化型黄梢

黄龙病初发病树的斑驳型黄梢

黄龙病的特异病状——叶片斑驳黄化

沙糖橘病树上的青果、红鼻果

叶片感染炭疽病的急性型病斑

叶片感染炭疽病的慢性型病斑

疫霉菌导致的枝干流胶病

感染苗疫病的叶片、嫩梢症状

感染黄斑病的脂点型病斑

感染黑斑病的黑星型病斑

感染溃疡病的果实病斑

煤炱菌导致的片状煤烟病

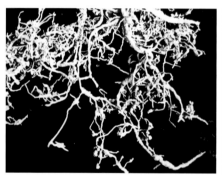

被根结线虫病为害的根部症状

红蜘蛛成螨(吴洪基提供)

锈壁虱为害状（黑皮果）

跗线螨对青果的为害状

柑橘粉虱成虫

粉虱座壳孢菌（粉虱的寄生天敌）

柑橘木虱成虫（左）、若虫（右）

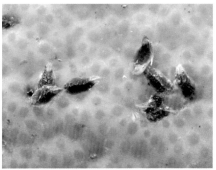

矢尖蚧雌虫介壳

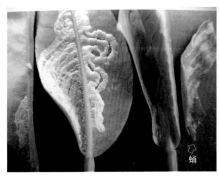

柑橘潜叶蛾幼虫及蛹

蛹

玉带凤蝶成虫

玉带凤蝶老龄幼虫及其为害状

柑橘枝天牛成虫

柑橘枝天牛幼虫为害状

柑橘小实蝇成虫

柑橘蓟马为害状

同型巴蜗牛成螺及其为害状

无籽沙糖橘
高效栽培新技术

叶自行　胡桂兵　许建楷　主编

中国农业出版社

主　　编　叶自行　胡桂兵　许建楷

编写人员　（以姓氏笔画排序）

　　　　　叶自行　许建楷　张承林　张昭其

　　　　　罗志达　季作梁　胡桂兵

前　言

　　沙糖橘也称砂糖橘、十月橘、冰糖橘，是广东最优良的橘类品种之一，但种子过多的缺点限制了它的发展。我们课题组顺应市场的需要，开展了无籽沙糖橘的选育工作，经过20多年的努力，终于选出了无籽新品种，于2005年1月通过了广东省科技厅组织的科技成果鉴定，2006年1月通过了广东省农作物品种审定。由于无籽新品种不仅克服了原品种多籽的缺点，而且外观和食用品质极优、早结果、丰产稳产性好、抗逆性强、适应性广，各地发展迅速，目前仅广东省的种植面积就已超过13.3万公顷，广西等地也在积极发展。

　　随着无籽沙糖橘种植面积的扩大，总产量逐年增加，市场逐渐趋向饱和，售价将会有所下降。近年来种植无籽沙糖橘的管理成本逐年增加，加上贮运保鲜技术跟不上，收益越来越少。2008年已出现收购价与成本价持平，有些地方甚至收购价还低于成本价的现象，这对无籽沙糖橘的产业发展非常不利。无籽沙糖橘产业近年来出现了大量的专业户、专业村、专业镇，果农的收入来源主要依赖无籽沙糖橘,如果无籽沙糖橘的产业崩溃,对大量的专业户及专业镇将是灾难性的打击。

为了使无籽沙糖橘的产业可持续发展,保证广大果农获得较高的经济效益,维持产区的社会经济稳定,我们在进行无籽沙糖橘新品种选育的同时,对其配套栽培技术进行了多年的研究和实践,形成了一套由控夏梢和放秋梢技术、施肥技术、保果技术、促花技术、防裂果技术、提高果实外观和品质技术、修剪技术、病虫防治技术、贮藏保鲜技术等九大技术组成的低成本、丰产、优质且易推广实施的新技术。

新技术与原技术相比较,劳动力成本减少 50% 以上,总的生产成本减少 50% 以上,品质提高 10%～20%,产量保持原技术的水平,效益增加 20%～30%。

本书最大特色是"实用",只要果农按照本书介绍的技术来操作,必有较大收获。

本书由胡桂兵编写第一和第二部分,许建楷编写第三和第四部分,叶自行、张承林、季作梁和张昭其编写第五部分,第六部分由罗志达负责编写。在单项技术的研究和集成示范中,得到了广东省科技厅农业攻关项目(C20227、2003A2010202)、广东省自然科学基金项目(06025843)、广东省科技推广计划项目(2006B40101016)、广东省省级农业综合开发科技推广项目(粤财农综 [2007]

7号）以及广东省省部产学研结合项目（2007B090100016）的资助，深表感谢。编写过程中得到了林伟振先生的积极支持，协助图片资料的处理、编辑和文字修改工作，编者深表谢意。此外，本书的完成，还得到了广东沙糖橘的主产区肇庆、云浮、清远、阳江等市的有关领导的关心和农业部门的支持以及广大果农的大力配合，在此表示衷心感谢。

　　由于无籽沙糖橘的现成资料不多，我们搜集又欠全面，加之编者水平所限，不足和错漏之处在所难免，诚望指正。

编　者

2009 年 10 月 15 日

目　录

前言

一、无籽沙糖橘的选育及产销概况 …………………………… 1

（一）无籽沙糖橘的选育过程、主要性状表现和无籽

　　成因 ……………………………………………………… 1

　　1. 选育过程 ……………………………………………… 1

　　2. 主要性状 ……………………………………………… 2

　　3. 无籽成因 ……………………………………………… 5

（二）产销概况 …………………………………………………… 6

　　1. 发展现状 ……………………………………………… 6

　　2. 销售情况 ……………………………………………… 8

　　3. 存在问题 ……………………………………………… 8

　　4. 前景与对策 …………………………………………… 9

二、果园的规划和建园 ……………………………………… 10

　　1. 园地选择 …………………………………………… 10

　　2. 园地规划 …………………………………………… 11

　　3. 苗木定植 …………………………………………… 15

三、幼龄树的管理 …………………………………………… 20

　　1. 土壤管理 …………………………………………… 20

2. 合理施肥 …………………………………………… 22

3. 水分管理 …………………………………………… 23

4. 树冠控制 …………………………………………… 25

四、结果树的管理 ……………………………………… 29

（一）秋梢的培养 …………………………………… 29

1. 放梢期的决定 ……………………………………… 29

2. 放梢前的工作 ……………………………………… 30

3. 放梢时的工作 ……………………………………… 31

（二）控冬梢促花 …………………………………… 32

1. 花芽分化的程序和时间 …………………………… 32

2. 不同砧木的成花开花结果习性 …………………… 33

3. 不同花枝的开花结果习性 ………………………… 35

4. 各种促花措施 ……………………………………… 36

5. 纯花枝、半纯花枝和带叶花枝的培育 …………… 39

（三）落果原因及保果措施 ………………………… 39

1. 落果原因 …………………………………………… 39

2. 保果技术 …………………………………………… 41

3. 保果中的一些错误做法 …………………………… 44

（四）夏梢的控制 …………………………………… 45

1. 以肥控梢 …………………………………………… 45

2. 人工摘梢 …………………………………………… 46

3. 以果控梢 …………………………………………… 47

4. 以梢控梢 …………………………………………… 48

5. 药物控梢 …………………………………………… 49

（五）裂果的原因及预防 …………………………… 52

1. 裂果的原因 ………………………………………… 52

2. 防止裂果的技术措施 ……………………………… 59

3. 防裂果中的一些错误做法 ………………………… 60

（六）如何提高果实商品等级 ·················· 61

　　1. 果皮"起沙"、"平沙"、"凹沙"与果皮厚度的关系 ·· 61

　　2. 影响果实外观和品质的因素 ·············· 62

　　3. 提高果实外观及品质的技术措施 ·········· 64

（七）营养失调症及其防治 ·················· 67

（八）冻害的原因及预防措施 ················ 67

　　1. 发生冻害的主要原因 ················ 69

　　2. 预防冻害的主要措施 ················ 70

　　3. 冻害后的管理工作 ················ 71

（九）修剪及高接换种 ·················· 72

　　1. 修剪 ·························· 72

　　2. 高接换种 ······················ 74

（十）经济高效的水肥管理技术 ·············· 76

（十一）采收与贮运保鲜技术 ················ 87

　　1. 采收 ·························· 87

　　2. 贮运保鲜技术 ···················· 89

五、病虫害防治 ·························· 92

（一）常见的传染性病害 ·················· 92

　　1. 柑橘黄龙病 ······················ 92

　　2. 柑橘炭疽病 ······················ 96

　　3. 柑橘脚腐病与柑橘枝干流胶病 ············ 99

　　4. 柑橘根腐病及疫霉果腐病 ·············· 101

　　5. 柑橘苗疫病 ······················ 102

　　6. 柑橘黄斑病 ······················ 104

　　7. 柑橘黑斑病 ······················ 106

　　8. 柑橘溃疡病 ······················ 107

　　9. 柑橘疮痂病 ······················ 110

　　10. 柑橘煤烟病 ······················ 112

11. 柑橘树脂病 ……………………………………… 113

12. 柑橘根结线虫病 ………………………………… 115

13. 柑橘膏药病 ……………………………………… 116

14. 柑橘传染性贮藏病害 …………………………… 117

（二）常见的害虫 …………………………………… 121

1. 柑橘红蜘蛛 ……………………………………… 121

2. 柑橘锈蜘蛛 ……………………………………… 123

3. 柑橘跗线螨 ……………………………………… 125

4. 柑橘粉虱类 ……………………………………… 126

5. 柑橘木虱 ………………………………………… 128

6. 柑橘介壳虫类 …………………………………… 129

7. 柑橘潜叶蛾 ……………………………………… 132

8. 柑橘蚜虫类 ……………………………………… 133

9. 柑橘凤蝶类 ……………………………………… 135

10. 柑橘天牛类 ……………………………………… 136

11. 柑橘吸果夜蛾类 ………………………………… 138

12. 柑橘大绿蝽 ……………………………………… 140

13. 柑橘小实蝇 ……………………………………… 141

14. 柑橘蓟马 ………………………………………… 143

15. 柑橘花蕾蛆 ……………………………………… 144

16. 同型巴蜗牛 ……………………………………… 145

参考文献 ……………………………………………… 148

一、无籽沙糖橘的选育及产销概况

（一）无籽沙糖橘的选育过程、主要性状表现和无籽成因

1. 选育过程

20 世纪 80 年代，许建楷和叶自行两位老师接受我国柑橘资源调查项目，负责四会柑橘品种资源调查，在调查中发现了无籽沙糖橘；其后在参与四会市石狗镇万亩*柑橘长廊的规划及建设中，继续进行无籽沙糖橘的调查。首先在石狗镇狗仔坑发现连片 8 年生的无籽沙糖橘园，该园是镇政府管辖下的果园，经向农办了解，种源来自本镇带下村。在带下村，发现成片 1958 年种的老沙糖橘园，因黄龙病影响及树龄大，树势老化，进入衰退阶段，有些单株长势好些，仍能结 50 千克以上的果实。再了解当地老农，其来源都是本村的母树，因无籽、品质好才繁殖推广，但母树早已衰老死亡。从母树到无性繁殖一、二代（V_1、V_2）都表现出无籽、清甜、果肉爽脆化渣、丰产的特性。专家们经过多年的努力，通过芽变选种途径，选出了无籽新品种，于 2005 年 1 月通过广东省科技厅组织的科技成果鉴定［鉴定证书编号：粤科鉴字（2004）330 号］，2006 年 1 月 18 日通过了广东省农作物品种审定［审定编号：

---

* 亩非法定计量单位，1 亩＝667 米^2。

粤审果2006003]。

2. 主要性状

（1）植物学性状

①树冠。树冠圆锥状圆头形，冠幅4～5米，树高4～5米，主干光滑，深褐色，枝条粗度中等，较长，茂密，上具针刺，粗枝刺较长，弱枝刺短或不明显。

②叶片。叶片卵圆形，先端渐尖，顶部钝圆，基部阔楔形，长5.0～5.5厘米，宽2.8～3.0厘米，叶色浓绿，边缘锯齿状明显，叶柄短0.6～0.8厘米，叶翼线形而明显，叶面光滑，油胞明显。

③花。雌雄同花的完全花。花朵白色，花瓣5个。开放时花朵直径2.5～3.0厘米。花药12个，子房浅绿色，近圆形，柱头白色，成熟时分泌白色黏液，花柱高约1厘米，雌雄同时成熟。

④果。果实近圆球形，果小，橘红色。果实纵径3.6～4.3厘米，横径4.0～5.5厘米；顶部平，顶端浅凹，柱痕呈不规则的圆形，蒂部微凹入；果梗0.2～0.3厘米，萼片小，浅绿色、分裂，分裂浅、圆钝；果皮薄而脆，油胞凸出明显，密集，似鸡皮状（俗称"起沙"，果皮"起沙"，果实像糖那样甜，故称沙糖橘），皮厚0.2厘米，易剥离，海绵层浅黄色，占果皮1/2；瓤瓣10个，大小均匀，半圆形，彼此易分离，橘络细，分布稀疏，中心柱较大而空虚，直径0.5～1.0厘米，汁胞短粗，呈不规则的多角形，橙黄色，柔嫩，汁多，清甜而微酸，稍有蜜味；无籽，大果型的果偶有1～2粒种子。种子卵圆形，表面具棱纹，顶部圆钝，多棱角状，底部具宽而扁的嘴，外部皮灰白色，内种皮浅棕色，合点棕紫色，多胚，子叶绿色。

（2）生物学特性

①枝梢生长。无籽沙糖橘发梢能力强，次数多而梢量大。在四会，幼年树一年可抽4～5次新梢，春梢2月初萌发，4月中旬老熟，春梢由于经过冬天养分积累，几乎每个叶腋都长梢。新

梢多而短小，如果经过人工疏梢，每条母枝留春梢 2～3 条，枝条较长。4 月下旬至 5 月上旬出第一次夏梢，6 月下旬出第二次夏梢，8 月中旬出第一次秋梢，9 月下旬出第二次秋梢。一般管理水平一年长 4 次新梢，如果肥水充足、土壤肥沃、秋后雨量充沛的果园可长 5 次新梢。夏梢因高温多雨，梢长而粗壮，一般长 20～30 厘米，有的长达 50 厘米，容易徒长，转绿快，从萌发至老熟不到 40 天，如果肥水充足，又能萌发新梢。秋梢介于春、夏梢之间，大小和长短适中，长 15～20 厘米，是次年主要的结果母枝，其他梢也可成为结果母枝。

无籽沙糖橘的萌梢能力特别强，在生长旺季，摘去 1 个芽，会同时萌发几条新梢，在顶部的枝条，每摘 1 次芽，1 条基枝长出十几条新梢，如 7～8 年生的盛产树，一个劳力一天只能摘 3～5 株树，10 天左右摘 1 次，连续摘梢 2～3 个月，摘夏梢用工量非常大。

②根系生长。根系生长与砧木类型、土壤温度、湿度、土壤孔隙度及酸碱度有关。无籽沙糖橘的根系在土壤疏松、肥沃、湿润、pH6.0～6.5 的环境中生长快，根系分布均匀、发达。

③根系的分布。主要分布在距地表 10～50 厘米的土层中，约占总根量 70%～80%，尤其是在树冠滴水线附近的土壤中，根群分布最密集。根系分布的深度，视砧木种类、地下水位高低、土壤肥沃疏松情况而异。酸橘砧根系发达，比较深生，枳壳砧根系也发达，较酸橘砧浅生些。无籽沙糖橘根系的深度 1 米左右，如肥沃疏松的土壤可深生至 2～3 米。

④根系再生能力。根系受伤后，能较快地长出新根。发根数量及时间与根的粗度、树势及土壤质量有关。新种植的苗，一般 1 个月左右萌发新根，深翻改土切断的根系，在夏季 15～20 天开始萌发新根，冬天则超过 1 个月才出新根。新根数量与树势及根的粗度有关。如果树势壮，断根粗 0.5 厘米左右萌发 3～5 条新根；断根粗 1 厘米左右，萌发 5～10 条新根。在栽培中，利用

根系的再生能力，在改土或施肥中，切断部分侧根，促发新根，增强根条吸收能力，是恢复树势，提高无籽沙糖橘产量的技术措施之一。

⑤根系与树冠的关系。无籽沙糖橘根系与树冠是互相依存，互相促进的对称关系。根系吸收水分和无机养分供叶片光合作用，制造有机养分，叶片制造有机养分又返供根系生长。根深叶茂就是这个道理。

根系生长与新梢生长是交替进行的，如根系第一次生长高峰是在春梢停止生长后，第二次生长是在夏梢停止生长后，发梢次数与根系生长的次数是相同的。

⑥开花结果。在四会2月初现蕾，3月上、中旬开花，3月底谢花。花量及类型与砧木关系很大。酸橘砧的幼年树较难成花，花量小，花的类型以单顶花多，有叶花较少；枳壳砧容易成花，花量大，有叶花枝多，单顶花少。开花至谢花时出现第一次生理落果，接着落果停止，间歇40～45天，即谢花后40～45天，开始第二次生理落果。第二次落果非常严重，在不加保果剂的情况下，幼果几乎落光。因此，无籽沙糖橘的保果重点是第二次生理落果。第二次落果后正常情况下落果较少，如遇病虫为害也会出现落果。

果实发育与树势及枝条的粗壮有很大关系。如果结果母枝粗达0.4厘米以上，结果数量少（只有1～2只或2～3只），易结大型果（直径5.5厘米以上）；如果树势强壮，中、上部结果少，以大型果为主。树冠中、下部和内膛的枝，容易结中、小果型的果；结果过多的树大部分为中、小型果。相反结果过少的树以大型果居多。市场上最畅销的是中型果（果径3.5～5.0厘米），其次是小型果。大型果因皮厚，品质下降而不受欢迎。

1998—2004年在不同地点对无籽沙糖橘的不同无性代（V_1、V_2、V_3）的树体性状和产量进行调查，统计结果表明，无籽沙糖橘成年树的单株产量为50～100千克左右，幼龄树的单株产量也不低，属丰产、稳产的类型。

（3）主要经济性状

①无籽性状与果实外观品质。1998—2004年于不同地点对无籽沙糖橘不同无性代（V_1、V_2、V_3）的果实可溶性固形物含量、平均单果种子数量和平均单果重进行统计和分析，并对果实外观和果实品质进行观测和评价。结果表明，无籽沙糖橘 V_1、V_2、V_3 代的种性表现相当稳定，单果平均种子数保持0.5粒以下，可溶性固形物14％左右，多数单果重40～45克，属中果型为主，品质保持爽脆化渣，清甜带微酸，口感优良的特点，易结球果。

同时，以上各试点观察分析的所有结果表明，无籽沙糖橘 V_3 代继续表现无籽、丰产、稳产、品质优良等特性，能够保持 V_1、V_2 代的优良性状。经过连续3代的观察，证明无籽沙糖橘的优良性状能够通过无性繁殖稳定地遗传下来。

②果实品质。1998—2003年对无籽沙糖橘果实分析的结果显示，无籽沙糖橘果实为近圆球形，果肉橙黄色，果汁丰富，化渣性好，风味极佳。无籽沙糖橘的果实比普通（有籽）沙糖橘的果实略偏小，普通（有籽）沙糖橘果皮稍厚。无籽沙糖橘果实含酸量、维生素C含量和总糖含量比普通（有籽）沙糖橘果实高，还原糖含量比普通（有籽）沙糖橘果实低。

无籽沙糖橘的贮藏性比甜橙差，但通过保鲜技术处理，可使果实保鲜期达到90天，烂果率仅4％左右。

3. 无籽成因

（1）花粉试验

通过以无籽沙糖橘及其有籽原种为试材，采用海德汉铁矾苏木精法进行了花粉母细胞减数分裂观察，并且进行了花粉形态观察、花粉生活力和发芽力以及田间授粉试验。结果表明，无籽沙糖橘的雄配子体发育正常，且育性较强，雄性不育并不是无籽沙糖橘无籽的原因。

（2）胚囊和胚胎发育观察

对无籽沙糖橘的胚囊育性及无籽沙糖橘自交和异交（无籽沙糖橘×台湾椪柑，无籽沙糖橘×有核沙糖橘）的胚胎发育进行了系统的研究。结果表明，无籽沙糖橘胚囊可育，成熟胚囊具一个卵细胞、两个助细胞、3个反足细胞以及一个大的含2个极核的中央细胞。其自交的胚胎发育不正常，早在授粉后2周就已出现大部分胚胎的退化，并在授粉后4周出现胚胎的完全退化消失，形成无籽果实；其异交的胚胎发育正常，授粉后2周出现球形胚和少量心形胚，授粉后3周出现心形胚和鱼雷形胚，授粉后4周全部为鱼雷形胚，授粉后5周发育成子叶胚，授粉后7周子叶胚仍在继续发育成种子，仍具珠柄。可以看出无籽沙糖橘胚囊育性正常，且不具胚胎中途败育现象。

（3）授粉受精观察

以无籽沙糖橘为母本，无籽沙糖橘、有籽沙糖橘和台湾椪柑为父本组成3个授粉组合，通过荧光显微镜的观察，对无籽沙糖橘的自交和异交亲和性进行了测定。结果发现，无籽沙糖橘异交授粉后花粉管在柱头、花柱和子房中都能正常生长，并能正常进入胚珠实现受精；无籽沙糖橘自交授粉后花粉管在柱头和花柱中能正常生长，但在子房中花粉管开始自身盘绕生长，无法接近胚珠，并且向着远离胚珠的子房底部盘绕生长。观察结果表明，无籽沙糖橘无籽机理在于自交不亲和，且其自交不亲和的反应部位在子房，属于配子体型自交不亲和。

（二）产销概况

1. 发展现状

沙糖橘是原产广东四会的岭南佳果，深受当地消费者的喜爱，长期畅销不衰，售价和销量均高居广东柑橘之首，即使在广东柑橘发展最低潮的 20 世纪 90 年代，沙糖橘也基本未受影响。近年来大量进军北方市场，成为全国最畅销的柑橘品种之一。在沙糖橘的产地，种植者只愁产量，不愁销路，有些年份无籽沙糖橘果还未熟就有大量的销售商到产地定购；在外销方面，出口到东南亚等国家和地区，深受当地消费者欢迎。沙糖橘品质优良，肉质爽脆、汁多清甜、皮薄化渣、易剥皮、皮橙色、外观靓，但种子多（12～18 粒），削弱了它的竞争力。随着人们消费水平的提高，对柑橘的品质提出了更高的要求，除了要求品质优良，更要求无籽或少籽。我们课题组顺应了市场的需要，开展了无籽沙糖橘的选育工作，经过多年的努力，通过芽变选种途径，选出了无籽新品种，于 2005 年 1 月通过广东省科技厅组织的科技成果鉴定 [鉴定证书编号：粤科鉴字（2004）330 号]，2006 年通过了广东省农作物品种审定 [粤审果 2006003]。2005 年 6 月获四会市科学技术进步一等奖，2006 年 6 月获肇庆市科学技术一等奖，2007 年 8 月获广东省农业技术推广奖一等奖，2009 年 8 月获广东省科学技术奖二等奖。据不完全统计，目前仅广东省该品种的栽培面积就已超过 13.3 万公顷，年产量超过 150 万吨，产值超百亿元。主产区为肇庆、清远、云浮等地区，邻近的广西也在积极发展无籽沙糖橘，湖南、福建和江西等地也在积极引种、试种。

无籽沙糖橘新品种特性：①无籽。绝大多数果实完全无籽，平均种子数 0.5 粒以内。②早结果、丰产、稳产。一般 3 年挂果，4 年生平均株产 20～30 千克，5 年生平均 30～40 千克，进入丰产期平均 40～60 千克，有些丰产树达 100～150 千克。丰产果园 667 米^2 产量 5 000 千克以上。③品质极优。肉质爽脆、汁多清甜、皮薄化渣、易剥皮、皮橙色、外观好。④迟熟。元旦期间成熟，可留树至春节，恰遇上我国的元旦、春节两大节日，满足了节日市场需求。

2. 销售情况

随着无籽沙糖橘新品种的迅速推广，新植的无籽沙糖橘陆续投产，总产量逐年增加，市场趋向饱和，售价逐年下降，但近年来管理成本逐年增加，种植无籽沙糖橘的利润越来越少。2008年已出现收购价与成本价持平，有些地方甚至出现收购价还低于成本价的现象，这对无籽沙糖橘的产业发展非常不利。

无籽沙糖橘产业近年来出现了大量的专业户、专业村、专业镇，果农的收入来源主要依赖无籽沙糖橘。据统计，整个产业从业果农约 60 万户，加上流通等相关行业的从业人口，超过百万人，如果无籽沙糖橘的产业崩溃，对大量的专业户、专业镇和相关行业将是灾难性的打击。

降低生产成本，加强销售管理，保证果农种植无籽沙糖橘有利可图，对促进产业的可持续发展，维护产区的社会稳定，有十分重要的意义。

3. 存在问题

（1）产量差异

无籽沙糖橘具有早结果、丰产、稳产的特点。但如促花、保果工作未跟上，产量会差很多。在生产上经常会看到平均 667 米² 2 500 千克以上的连片丰产果园，但 667 米² 产量 1 000 千克以下的果园也不少见。

（2）品质差异

无籽沙糖橘具有肉质爽脆、汁多清甜、皮薄化渣、易剥皮、皮橙色、外观靓的特优品质特点。但如施肥、保果与喷药等环节未做好，品质变劣，粗皮、黑皮、味酸、不化渣等"劣性"会表现出来。

（3）黄龙病威胁

如广东省绝大部分无籽沙糖橘的产区均是柑橘黄龙病的疫

区，黄龙病的为害时刻存在，是悬在产区每个果农头上的"利剑"。在一些主产区，目前发病率超过 30%～70%的果园并不少见。更为严重的是，在疫区的一些新植果园，由于未重视黄龙病的防控，造成"先种后死，后种先死"的现象，还未投产或刚投产不久，就因为黄龙病的为害而濒临毁灭，损失巨大。

（4）产销矛盾

无籽沙糖橘绝大部分是 2004—2007 年开始种植的，现在已开始陆续投产。由于种植面积大，产量上升迅猛，加上无籽沙糖橘有带叶鲜销的习惯，使贮运性能欠佳以及产地冷库等贮运设施不足等问题，使产销矛盾越来越突出，"果贱伤农"的现象时有发生。

（5）品牌问题

无籽沙糖橘是品质特优的果品，种植区域广、面积大、产量高，生产和流通领域的从业人员众多，但到目前为止，叫得响的品牌还没有，在创品牌上落后于其他品种。

4. 前景与对策

虽然存在上述诸多问题，但由于无籽沙糖橘的优良品质和生产特性，内销和外销市场巨大，我们觉得只要政府各级部门和广大科技工作者及从业人员，重视这些问题，它的推广应用前景还是十分广阔的。我们课题组在无籽沙糖橘选育的同时，就开展了相应的配套生产技术的研究，经过多年的探索，研究出一套低成本、丰产、优质栽培技术。新技术与原技术相比较，劳动力成本可减少 50%以上，总的生产成本可减少 50%以上，品质可提高 10%～20%，产量可保持原技术的水平，效益可增加 20%～30%。

二、果园的规划和建园

. . . .

1. 园地选择

无籽沙糖橘具有早结果和丰产、稳产、优质的特点。园地的选择和建立正是创造和发挥其所需条件的重要基础工作。为此，要考虑以下要求：

（1）温度是无籽沙糖橘栽培分布的主要限制因子

由于无籽沙糖橘在0℃时易发生冻害，在建园时，要选择无霜冻地区，才能保证生产优质果。

（2）符合无公害、绿色食品柑橘园的要求

特别要考虑园地的水质、大气、土壤等是否符合要求。要远离污染源。园地必须要有良好的水质，充足的水源（如山塘、水库等）。要求有良好的生态环境，特别是在丘陵山地建园应要求有水源林等阴凉的小气候环境。土层深厚（土层在60厘米以上），有机质含量在1.5%以上的微酸性（pH6～6.5）壤土、沙壤土。平地、水田的地下水位应在0.5米以下，排水良好。有条件的地方，逐步推广滴灌、喷灌，并实行灌溉施肥技术。

（3）检疫与隔离

为严格防控柑橘黄龙病的侵染，要求新建柑橘园与病园、病树的直线距离在1 000米以上，至少不少于600米，或有高山、湖泊相隔，否则就要认真规划好加强其他防控措施予以弥补。

2. 园地规划

(1) 山地、丘陵地园地规划和建设

①小区划分。小区划分的目的是便于管理。根据地形地势、坡度、坡向、土壤条件，并结合果园的道路系统、防护林带、水土保持等工程划分小区。由于山地地形较复杂，小区面积不宜过大，一般以0.7～2公顷为一小区，在丘陵地地势宽阔地带可适当扩大。小区的形状以近似带状长方形为好，其边长应沿等高方向弯曲，有利于水土保持和机械化操作。面积小的果园，不必分小区。

②道路的设置。道路设置应根据果园机械化要求，结合防护林带、水土保持工程、灌溉系统、小区划分等方面综合考虑。果园道路分为干道、支路、作业道，3种道路应相互连接。干道宽6～8米，可通行机动车辆。支路设在小区间或小区内，宽3～4米，作业道与防护林相结合，宽约2米。

③排灌系统。排灌系统的合理规划，是无籽沙糖橘在山地、丘陵地栽培能否早结果、丰产、优质的必要条件。规划的指导思想应以蓄为主，蓄排兼顾，做到平时能蓄水，旱时能及时灌溉，洪水能排，大雨水土不流失，中雨水不下山。一般采用明沟排灌、排灌和蓄水结合一体。

1）防洪沟。在果园上部开环山防洪蓄水沟，防止山洪冲坏果园。沟深及底宽各1～1.5米，比降为0.1%～0.2%，在沟内每隔7～10米留一土墩，比沟面低20～30厘米，降低水流速度，并可蓄雨水。防洪沟的排水应引向山塘水库或林带。在防洪沟的上部应保留或种植水源林。

2）排蓄水沟。将纵向和横向排（蓄）水沟结合设置。纵向沟自上而下设置，尽量利用天然纵向沟。这种沟植被厚，土壤冲刷少。也可设置人工纵向沟，为了减轻冲刷，可采用工字形排蓄水沟，也就是纵向沟与横向沟间隔而成工字形，使水流分散分段

流下，以减弱径流冲刷。纵向沟深度各 0.5～0.7 米，每隔 3～4 米在沟内留一土埂和跌水坑，以缓和径流，也可蓄水。

在每级梯田内侧设梯壁沟，沟内每隔 3～4 米留一小土埂，埂面低于沟面 10 厘米。

结合排灌系统，设置水池。每 1 公顷园地设置 30 米^3 的蓄水池 1 个。

有条件的园地，可配置滴灌或喷灌设施。

④防护林。防护林具有防风、防寒、增加果园空气和土壤湿度的功能，创造有利于无籽沙糖橘的生态环境。

设置主林带和副林带。主林带与主风向垂直，宽约 10 米，植 4～10 行林木。

防护林带防风的有效范围为林带高的 20 倍左右。防护林因其作用不同，建造方式也不同。以防风为主的，透风林的效果较好，即疏密、高矮相间。以防寒为主的，应建密闭林，且与寒流方向有一定倾斜，并建在果园上方，引导冷空气流向园外。

林带与果园要有适当距离，一般为 3～4 米或更大，在林带与无籽沙糖橘之间挖 1 米左右的阻根沟，3～4 年进行断根 1 次。

防护林的树种要因地制宜，选用适合当地的速生、高大且具有一定经济价值的树种。在广东多采用细叶桉、相思树、木麻黄等。

防护林带应在建园前营造。

⑤绿肥、饲料基地。广东栽种沙糖橘的山地丘陵地大多是红壤土，土壤较贫瘠，有机质含量低。为了提高土壤肥力，必须广辟肥源，种养结合，在建园时要将绿肥和饲料基地进行规划，以便解决有机肥源问题。要求每 0.7 公顷园地，留出 667 米^2 种植绿肥和饲料。

⑥辅助建筑物。包括粪池、畜舍、工具房、机械房、农药及肥料仓库、果实储藏库、包装场、宿舍、办公室等。粪池应分散

在各小区，以便就近积制肥和施肥，每 1/3 公顷果园设一个 30
米^2 的粪池。

⑦水土保持工程。山地丘陵地建园的一项根本性措施就是水
土保持，以控制水土流失。最有效的方法是开辟梯田和等高栽
植，以便把"三跑"地（跑水、跑土、跑肥）变成"三保"地
（保水、保土、保肥）。

坡度在 6°以上要开设梯田，6°以下缓坡地，可按等高线种
植，具体方法如下：

测定基点选择具有代表性的坡段，顺坡自上而下定基线，然
后在基线上自上而下定基点，基点间的水平距离为梯田面的宽
度，一般要求为 3～5 米。

测定等高线最简单易行的方法是用水平三角架进行测定。从
已定好的基点出发，用水平三角架向两侧测出与该基点等高的各
点，将点连接成等高线。等高线有一定的比降，为 0.2%～
0.3%，以便建成梯田后，可将水引向总排水沟。由于山坡陡缓
不一，对测出的等高线要进行调整，过于弯曲或过狭窄的地方，
可去掉一段等高线，过宽的可加上一段等高线。

修筑等高水平梯田应由下而上进行。先挖梯壁基，沿等高线
在其上方挖深 0.3～0.4 米，宽约 0.5 米的梯壁基，将梯田面
（即上、下两条等高线间）的上方土移至下方的梯壁基内，边填
边打实，至所需高度（即梯壁高），梯壁稍向内倾斜 70°～80°，
用人力或机械将梯田面整成反倾斜的梯面。在开始修筑梯田时，
表土层（包括草皮）不要用做修筑梯壁，留下来填入植穴或植沟
内。梯田开筑后，在梯田面外侧挖植穴或植沟。也可在开梯田
时，将筑梯田和挖植沟结合进行，即在梯壁基上方距 1 米处开植
沟，将植沟泥（除表层土外）用于筑梯壁，然后用梯田面内侧表
土和植沟表土填入植沟内，再行平整梯田面。

坡度在 6°以下的缓坡地，可按等高线挖植穴或植沟，以后
逐年平整成反倾斜水平梯田面。

（2）平地园地规划和建设

平地园地主要包括水田、旱地、河滩地、围田等。平地园地的地势平坦，土壤较肥沃，排灌方便，是无籽沙糖橘早结果、丰产、稳产的良好条件。但地下水位高，限制根群的发展，因此，修建排灌系统，降低地下水位，增厚生根层，并能做到排灌及时，这是平地园地栽培无籽沙糖橘成败的关键。大型的平地园地要做好防风工程。

①小区划分。划分好小区有利于管理和机械化，降低生产成本。如地势平坦，气候、土壤差异较小，小区面积可为 3.3～6.7 公顷。如受台风影响较大的园地，小区应为 2～3.3 公顷。小区以长方形为好，长边与风向垂直。

②道路设置。应与小区划分、排灌系统、防护林等结合规划。由于地势平坦，道路尽可能直，并与附近的公路相连。园地道路分干道（宽 6～8 米）、支道（宽 3～4 米）、作业道（宽 2 米）。

③排灌系统。平地园地特别是水田、围田的排灌系统的规划要点是降低地下水位，排灌及时。多采用三级排灌系统，由畦沟、园坪沟、排灌沟组成，逐级加深加宽，入水口与灌水沟相接，出水口与排水沟相接，构成自流灌溉系统。旱能灌，涝能排，能有效降低地下水位。可用单行植或双行植。单行植先开畦沟起畦，起墩种植，以后逐年加深畦沟培土。双行植采用宽畦起墩种植，宽畦上按行距起土墩，行间设浅沟，宽畦间的畦沟逐年加深培土。以上两种方式都可以形成深沟高畦。在水位高，不易排水的园地，可采用深沟蓄水，沟内保持恒定水位，常年蓄水。水源方便，易排灌的园地，可采用旱沟，大排大灌的灌溉系统。

④防护林。平地、水田的无籽沙糖橘园，地势平坦，易受台风为害，必须做好防护林规划。

主林带与主风向垂直。一般情况下，平地林带的防风作用，在背风面是林高的 25～30 倍，而减低风速最有效的距离是树高的 12～15 倍。主林带间距 200～600 米，林带宽 10～20 米。副林带要与主林带垂直，副林带间距 300～800 米，带宽 8～14 米。林带为透风型。林带树种要因地制宜选用。在广东各沿海地区多采用木麻黄、小叶桉、落羽杉、台湾相思等。

防护林应与道路、排灌系统结合规划，要提早种植。

⑤辅助建筑物及粪池。如机械房、仓库、宿舍、办公室、畜舍等要合理布局。要设若干粪池，0.33～0.46 公顷设 1 粪池，每个粪池可贮 5 000～7 000 千克粪水。

3. 苗木定植

（1）优良无籽沙糖橘苗木的选择

选择优良的无籽沙糖橘苗木是栽植后能否早结果、丰产、优质的重要条件。

优良无籽沙糖橘苗木应具备以下条件：

①无检疫性和为害性病虫害。苗木出圃前，要由当地检疫部门按照国家颁布的检疫法规对苗木进行严格检疫，符合要求的才能出圃。无籽沙糖橘的检疫对象最主要是柑橘黄龙病。因此，购买苗木应去国家认可的无病苗圃选购优良的无黄龙病苗木。

②品种纯正。由于不少个体户苗圃将无籽沙糖橘与有籽沙糖橘、大果沙糖橘或其他有籽品种苗木混杂繁殖，购买这些苗木后在果园栽植，使无籽沙糖橘产生种子，降低果实品质。因此，应去有信誉的苗圃购买。

③嫁接口愈合良好。无籽沙糖橘的砧木一般有枳砧、酸橘砧、红檬檬砧。这 3 种砧木是无籽沙糖橘的良好砧木。但又各有特点：枳砧的无籽沙糖橘树冠较矮化（小叶大花系枳壳更明显），早结果、丰产、优质，须根发达，适应性强，无论水田、丘陵山地均适宜。砧木呈瘤状是其特征。酸橘砧无籽沙糖橘嫁接口愈合良好，根系发达，主根深，须根多，抗旱，适合丘陵地、旱地栽培。树势强壮，结果较迟，但如采取适宜的促花措施仍能早结

果、丰产、优质。红柠檬砧、无籽沙糖橘砧穗亲和好，根系较浅生，较能耐湿，适合水田、围田栽种。结果较早，丰产，前期结果果大，皮较厚。

④主干直立、枝梢健壮。一般要求苗木高 35～50 厘米，枳砧苗木 35～45 厘米，酸橘砧苗木 40～50 厘米。苗木茎粗 0.8～1 厘米，有 2～3 条主枝。

⑤根系发达、须根多。

（2）种植密度与计划密植

合理密植是无籽沙糖橘达到早结果、丰产的重要措施。应根据园地类型、砧木特性、技术管理水平、土壤条件、经济效益等因素来确定栽植的合理密度。在广东省无籽沙糖橘园一般的种植密度为 2.5 米×3 米（每 667 米²89 株），3 米×3.5 米（每 667 米²63 株），较密植的 2 米×3 米（每 667 米²111 株）。丘陵地可适当密些，枳砧也可密些。

计划密植就是有计划地按通常合理密度栽植"永久树"和按密植要求栽植"间伐树"，最大限度地在前期增加栽植密度，做到早结果、丰产、高效益。当树冠开始郁闭时，按计划一次性或多次性将"间伐树"进行修剪、间伐或移植，最后留下"永久树"，使果园的栽植密度达到合理要求，这样既可早结果、丰产，又可持续丰产。例如，在平地、水田栽植无籽沙糖橘采用酸橘砧作永久树，种植规格为 3 米×4 米（每 667 米²50 株），枳砧作间伐树 1.75 米×2 米（每 667 米²130 株）。6～7 年后开始重修剪及间伐，经两次间伐变为 3 米×4 米。

无籽沙糖橘不要与有籽沙糖橘或其他柑橘品种混植，否则会使果实产生种子。如果与其他有核柑橘品种相邻种植，如果有障碍物，至少相隔 15 米以上的距离，空旷距离 300 米以上。

（3）栽植前的准备

①土壤改良。山地、丘陵地的土壤改良。广东的山地、丘陵地的土壤大都属于瘠瘦的红壤土，不利于根群的生长，在种植前

要做好土壤改良。最主要是加厚耕作层，增加有机质。方法是开植穴或壕沟进行深翻改土。穴或沟深 0.7～1 米，宽 1 米。将表土和底土分开放置，将表土或草皮泥放在穴的最底层。分 3～4 层分层填入绿肥、杂草等粗纤维植物，并撒上石灰，每层绿肥间覆上 5～10 厘米的土。绿肥量每立方米 30～50 千克，石灰 0.5～1 千克。植穴的上层施充分腐熟的禽畜粪，另加过磷酸钙 0.5～1 千克。填土要高出地面 30～50 厘米，以备下沉，并做成 1 米直径的土墩。在定植前于树盘处施充分腐熟的有机精肥，并与土壤充分混合。每穴共需禽畜肥 25～30 千克。

挖穴改土应在种植前 1～2 个月内做好。

平地、水田、围田的土壤改良。为了做好降低地下水位和增厚耕作层，要结合排灌系统的开设进行。在开沟起畦后，按定植点起墩。墩高视地下水位高低而定。地下水位高，土墩高 0.6～1 米，宽 1 米；地下水位低，墩高 0.3～0.4 米，宽 1 米。每土墩要施充分腐熟的禽畜粪 5～10 千克，过磷酸钙 0.5 千克，并与土壤充分混合。种植前要在半个月内完成这项工作。

无论山地、丘陵地或平地、水田，筑种植土墩前，须按栽植方式（如正方形、长方形、三角形、宽窄行等）和株行距定点起墩。

②苗木准备。选用无黄龙病苗木，是新建柑橘园的重要环节。在柑橘黄龙病猖獗流行的区域内，有效控制黄龙病的为害，是新建柑橘园成败的关键。栽种无病苗木是综合防控黄龙病的基础措施，直接关系到新橘园寿命的长短，所以建新园的首要工作是准备好无黄龙病苗木。

无籽沙糖橘的苗木有就近育苗和远处运输的苗木。就近育苗的苗木以带土起苗为好，栽后成活率高。远处运输的苗木多为裸根苗，便于运输，但在运输中必须保护好根系，运到园地后，不要堆积，以免发热伤根。袋装苗虽然运输成本较高，但成活率高、种植后发根快、生长健壮，有利于早结果、丰产栽培。

（4）定植时期

在广东省的气候条件下，无籽沙糖橘只需新梢老熟后，下次梢萌发前都可以种植。为了方便管理与配合农时，一般分为冬植、春植和秋植3个时期。冬植在春梢萌动前1～2月种植，春植在春梢转绿老熟后的4月进行，秋植在秋梢老熟后8～9月栽植。10～12月是广东的旱季，不宜栽植。由于广东易发生秋、冬干旱，在秋植时要考虑水源是否充足。灌溉条件好或采用滴灌的园地，秋植是较好的栽植时期，植后新根仍能生长，为来年春梢早生快发创造条件。

（5）定植方法

栽植是建园工作的最后一个环节，需精细栽植，否则会降低成活率，也对建园后的生长带来各种不利的影响。

①苗木处理。将过密、纤弱、徒长的枝梢剪去，裸根苗要剪去损伤的或过长的根系，并蘸上泥浆，保护根系，植后易发新根。泥浆可加入10%～20%新鲜牛粪，或200毫克/升的萘乙酸，或发根素，更有利于发根。栽前将苗木分级，便于栽后管理。注意检查嫁接口的薄膜带是否清除。

袋装苗要注意及时除去包装薄膜。

②选择天气。以温暖、阴天最适宜，切忌在西北风或雨天栽植。

③栽植技术。栽前将植墩的种植点上的土壤扒开，将施入的基肥与土壤充分混合，并撒上一层新土，以免根系与基肥直接接触。

栽植时应将苗木扶直，要使株行间横直对齐。根系要自然舒展，填入细土，边填边扶正树苗，并轻轻抖动，使土与根系密切接触，然后用脚踏实，淋第一次水，最后覆土，培成盘状，再充分淋水，盖草。覆土的深度以不超过嫁接口为度。

（6）植后管理

①淋水。定植后如果无雨，在一周内，每天淋水1次，以后

隔日或 2～3 日淋 1 次，直到成活。

②插支柱扶苗。插支柱以防风吹动树苗，摇动根系，影响成活。在植后 4～7 天待穴土略下沉后插支柱。

③施肥。定植后 20～25 天开始发新根，应施第一次薄肥，以稀薄腐熟人尿（50 千克纯尿对水 100～150 千克）最好，或 0.5％的尿素液。以后每隔 10 天施 1 次，肥料可逐渐加浓。

④及时摘除萌芽。随时将砧木、主干或主枝上萌发的芽摘除，以免消耗养分，影响生长和树形。

三、幼龄树的管理

无籽沙糖橘在定植后至开花结果前，这段时期的树称幼龄树。在正常的栽培条件下，一般为 2～3 年。幼龄树时期的一切技术措施，都是为早结果、丰产、稳产和优质打下基础。措施的重点是培养好强大根群，整好树形，培养好每次枝梢，做好病虫害防治。因此，必须做好园地的土壤管理、肥水管理及树冠管理工作。

1. 土壤管理

（1）深耕改土

土壤管理的目的是要使无籽沙糖橘有一个强壮的根系，这是早结果、丰产、稳产、优质的基础。这就要有良好的土壤条件。广东省的山地、丘陵地的土壤管理最主要就是进行深耕改土，扩大有效土层，提高有机质含量，改善土壤酸碱度，特别是增进下层土壤肥力，使无籽沙糖橘的根系能充分扩大生长，形成一个深、广、密的强大根群。

深耕改土的方法：在树冠滴水线外，或紧接原来的改土穴（或沟）的外缘，开穴或壕沟，以见到根系为宜。每年轮换深耕位置，逐年分期进行。应在丰产前完成全园改土。开穴或沟可在植株一侧或两侧进行。穴或沟深 60～80 厘米，宽视改土材料多少而定，一般 0.5～1 米。改土材料用粗纤维的有机物，如绿肥、树枝叶、杂草、山草等，以及充分腐熟的禽畜粪、麸肥等。每立方米的改土穴或沟施下改土材料 30～70 千克，加过磷酸钙 0.5～

1千克（同禽畜粪混合施下）。改土材料分3～4层，每层加适量石灰。

改土时间在定植后第二年即可进行。一般来说以夏季（5～7月）和秋季（9～10月）深耕为宜。

（2）生草法

幼龄无籽沙糖橘园空地多，易受阳光曝晒、大雨冲蚀或干旱等不良环境因素的影响，致使幼树浅生的根系生长受到伤害，影响树冠新梢的正常生长。在果园进行生草覆盖，改善果园的生态环境，降低土壤温度和增加湿度，提高土壤有机质含量，防止土壤流失，为无籽沙糖橘的早结果、丰产、优质创造条件。

在树盘进行铺草覆盖，株行间自然生草或人工种草，让其覆盖地面。在其生长旺盛或与橘树强烈争夺肥水时，割草后覆盖地面或埋入土壤。生草法栽培的草种应选择适合当地生长、适应性强、生草量大、矮生、浅根性、与无籽沙糖橘无相同病虫害，并有利于病虫害的综合防治。目前使用最多的草种是菊科的藿香蓟（百花臭草），其次可选用百喜草、柱花草、三叶草、红三叶草、白三叶草等。广东省推广的藿香蓟根系浅生，绿肥量大，每公顷鲜草产量45 000～60 000千克（每667米² 3 000～4 000千克），藿香蓟的花粉还是红蜘蛛的天敌捕食螨（钝绥螨）的食料，有利于天敌的繁衍及对红蜘蛛的防治。

（3）间作

幼龄无籽沙糖橘园的间作主要指封行前在株行间种植绿肥或经济作物。实际上也是一种生草法。但间作多以经济作物为主，如花生、黄豆、绿豆等，水田、旱地也可种蔬菜。不要间种吸肥力强或影响橘树生长的高秆作物，如番茨、木茨、玉米、高粱、甘蔗等。间作物种在树冠滴水线外30～40厘米处。

（4）覆盖

主要是树冠下的树盘覆盖。对幼龄橘园更为重要，有利于防止冲刷、降低土温、保持土壤湿度、保护根群。覆盖物主要有山草、稻草、麦秆、玉米秆、蔗叶等。铺草厚度 10～20 厘米，每年要大量添加新覆盖物，补充腐烂分解的覆盖物。

（5）中耕和培土

山地、丘陵地橘园结合间种进行中耕松土，或在生长季节浅耕（5～10 厘米）。在旱季来临前，每次降雨后进行深中耕，有利于保水，促进上下层土壤的气体交换，在挂果前一年进行深中耕更有利于促花。

水田、平地橘园，根系浅生，在生长季节耕作更要避免伤根，中耕松土宜在秋、冬季进行。在树盘下要除草，用除草剂或拔除杂草。在畦面行间仍以间种或生草为宜。

无论山地、丘陵地或水田、平地在植后每年都要培土，保护根系，增厚耕作层，这是持续丰产的重要措施。一般在冬季进行。可用塘泥、河涌泥、草皮泥、山土、田土，也可在疏通水田沟渠时用沟渠泥，等土壤风干后培于树冠下，逐年扩大种植土墩。培土厚 3～5 厘米。如用湿土直接培土或培土太厚，或在雨季进行，易引起烂根。

2. 合理施肥

无籽沙糖橘的幼龄树施肥以勤施薄施为原则，肥料种类要以有机肥为主，化肥为辅。

幼树施肥目的是迅速扩大树冠，有利于培养深、广、密的强大根群，这是无籽沙糖橘早结果，丰产、稳产、优质的基础。幼龄树具有多次发梢和发根的特点，但根系较弱，耐肥力差，浅生，因此，必须勤施薄施。为了加快树冠形成，到第二年秋梢要达到100～150 条，就要培养好每一次梢，在每次芽萌发前 15～20 天施 1 次促芽肥，以速效氮肥为主，新梢自剪（新梢停止生长）后转绿期施氮、钾肥称"壮梢肥"，促使新梢充实。即"一梢两肥"。如果园地土壤瘦瘠，新梢生长势弱，应在新梢生长前期补 1 次以氮肥为主的速效肥。施肥的次数因不同地区气候等条件而异。在珠江三角洲一带，气候温暖、多雨，一年可放 4～5次梢，施肥次数可达 8～10 次。无论施肥多少次，春梢是以后各次梢生长的基础，因此，春梢萌发前的施肥量要适当增加，以促进多发健壮春梢。为促使秋梢多而整齐，特别是计划来年开始结果的树，促秋梢肥，要增加发梢前氮肥量。壮秋梢肥，要增加钾肥和磷肥，减少氮肥用量。在冬季应施 1 次过冬肥，以充分腐熟的有机肥如人畜粪、麸肥为主，为下年开花结果打下基础。

幼龄树的全年施肥量，一年生树每株施麸肥 0.4～0.5 千克，尿素和复合肥各 0.5～0.75 千克。第二年生树每株施麸肥 0.75～1 千克，尿素和复合肥各 0.5～0.75 千克，钾肥 0.5～0.7 千克。

无籽沙糖橘幼龄树要以施有机肥为主，如麸肥、人畜粪尿等，对改良园地土壤、培养良好根系起重要作用。这是早结果、丰产、优质的一项重要措施。麸肥可与人畜粪尿沤制水肥（加入过磷酸钙），也可堆沤成厩肥，待充分腐熟后施用。麸肥如不充分腐熟施用，极易伤根，且很难恢复。因此，麸肥在沤制时，先打碎，再与人畜粪和过磷酸钙混合沤制，如果制成水肥时，夏季要沤制 40～50 天，冬季要 60～70 天。沤制过程中要经常搅拌，沤制成的麸水应是乌黑色，且无刺鼻气味。

幼龄树施肥不要贪图方便而施于土面表层，致使肥料流失，降低肥效。以沟施为好，在树的两侧对称开沟，施肥后覆土。施肥位置逐渐外移，在树冠滴水线外开沟，切忌施在树兜处。

在每次梢期喷 2～3 次根外追肥（叶面肥），特别是在新梢转绿期有利于叶片转绿。幼树使用的叶面肥最经济的是优质尿素150 克加磷酸二氢钾 100 克，对水 50 千克。使用有机叶面肥效果更好，如氨基酸糖磷脂、多微核苷酸等。

3. 水分管理

广东省大部分地区年降水量在 1 300～2 000 毫米之间，虽然总降水量完全能满足无籽沙糖橘生长结果的要求，但由于降雨不均匀，春、夏多雨，秋、冬干旱，旱涝现象明显，因此，灌溉和排水管理更为重要，特别是无籽沙糖橘幼龄果园的合理而及时排灌是获得早结果、丰产、优质的保证。

无籽沙糖橘幼龄果园的水分管理要同土壤管理相结合。由于幼龄树根系浅生，极易受旱，要保持土壤湿润，除及时灌溉外，应加强土壤覆盖、中耕松土，在山地丘陵地果园还要深耕改土引根深生，扩大生根层。

幼龄果园的灌溉适宜时期应根据幼树的生长状况、土壤、气候等综合考虑。当幼树新梢萌发生长期就必须保证有充分水分供给，但在挂果前一年的秋、冬季，秋梢老熟后要适时控水，有利于控制冬芽，促进花芽分化。果园土壤砂质较重易干旱，要及时灌溉，春季雨水多，但也会出现春旱，及时灌溉对促发春芽有重要作用。当幼树出现叶片卷曲时才进行灌溉是不正确的，因为这时幼树已受到了伤害。据研究，当土壤含水量低于 20%，田间持水量低于 75%，可作为灌水指标。用土壤烘干法或用水分张力计测量生根层的土壤水分较为适合。在没有仪器设备的条件下，根据经验进行判断是否要灌水，砂质土或壤土在生根层取土，用手紧握成土团而不易碎的，可不灌水，如土团易裂开则应灌水，黏性较重的园土紧抓成团后只要轻轻抓捏就产生裂缝，此时的土壤要灌水。

灌水方法可采用沟灌、喷灌、滴灌。沟灌时水经沟底沟壁渗入土中，对全园土壤浸润较均匀，对果园内水分的蒸发量与流水量均较少，可控制用水，防止土壤结构的破坏。喷灌和滴灌是果园灌溉较先进的方法，将在另一章讨论。

无籽沙糖橘幼龄果园的灌溉，夏、秋季最好在傍晚进行，冬季在白天土温较高时进行。灌溉后要进行浅松土保水。

水源较充足的水田、围田可进行大排大灌，灌透后即排水，沟内不蓄水。地势较低，排水不易的果园，沟内可蓄水，常年保持恒定水位，需要灌水时，将水沟灌满灌透后，将水排出至原来的水位处。要保持地下水位在 0.8～1 米以下。这对根系的保护起重要作用。

无籽沙糖橘园幼龄树最忌果园积水。积水易引起烂根，极大地影响幼树的生长。在梅雨或台风季节更要注意及时排水，清除积水。在雨季来临前修整排灌沟，平整畦面。

台风或暴雨最易引起内涝，幼树根系弱而浅生，极易受害而烂根。这是因为过多的水分将土壤孔隙内的空气（氧气）排挤出去，使根系出现无氧呼吸而产生乙醇，土壤因积水而产生硫化氢等有毒气体，两者都对根群起毒害作用而引起烂根、枝枯叶黄（主要是叶脉黄化）、落叶，甚至整株枯死。当洪水开始消退时，首先将排灌水沟内的一切杂物清除，疏通沟渠，尽快排除积水，降低地下水位。对园内洪水带来的杂物也要及时清除，冲倒的幼树要及时扶正，冲洗树上的泥浆，适当修剪，以减少蒸发量，减轻根系的负担。当园土干爽后，要浅松土，促进土壤气体交换，有利于发新根。尽快喷根外追肥，用磷酸二氢钾 100 克加优质尿素 150 克，对水 50 千克，喷 2～3 次。待幼树发生新根时，施充分腐熟的稀薄麸水。同时要注意防治炭疽病、根腐病。

4. 树冠控制

无籽沙糖橘的树形与早结果、丰产、稳产、优质有着密切的关系。一个良好的树形，树冠的骨干枝强健牢固，分布合理，能承担最大枝果的负荷。在此基础上，协调枝叶组成，增厚叶绿层，使单位面积内的树冠具有较高的有效容积和结果体积。在广东阳光强烈的气候条件下，无籽沙糖橘的理想树形应该是矮干，能尽快有效地荫蔽地面。主枝开张，分布均匀，形成丰产骨架。枝梢密而壮，叶绿层厚，这是早结果、丰产的基础。树冠外围表面要有较多的凹凸，绿叶枝群疏密相间，使阳光易透入树冠内部而不过强，以便形成波浪式圆头形树冠。通过对幼树的整形修剪，为无籽沙糖橘逐步形成早结果、丰产的树冠打下良好基础。

　　整形修剪的方法：首先要解决骨干枝的分枝角度问题。由于幼苗在苗圃时处于密植状态，主枝直生，分枝角度小，不易形成丰产的圆头形树冠，因此，定植后要开始调整主枝的分枝角度。目前，生产上采用拉线整形的方法。在定植后第一次新梢刚萌发时，将分枝角度小的主枝用塑料绳把枝向下拉以加大角度，并将绳固定在竹桩上，使主枝与主干延长线成40°～50°角，如果主枝的方位角不适当，树冠不均衡，也可用拉绳调整。当新梢老熟后即可解缚，如果尚未能完全到位，可在第二次新梢萌发时再进行一次，就可获得较好效果。其次要控制顶端优势，促进树形的均衡发展。无籽沙糖橘幼树生势壮旺，强枝、直立枝长势强，致使偏弱枝梢生长受到抑制，不利于树形的均衡发展。不能用重剪方法，否则会延迟整形时间，也不会有满意效果。"摘芽控梢"的整形方法能有效地控制顶端优势，较快地形成枝梢密壮、绿叶层厚的圆头形树形。此法可归纳为"去零留整、去早留齐、去少留多"。在夏、秋季节，最先萌发的芽，数量少，零星抽生，当芽长2～3厘米时，应及时摘除，否则，这些先萌发的芽由于首先得到充足的营养和水分供应，而且所处位置优越，往往形成徒长枝，扰乱树形，还会抑制其他芽的正常萌发。因此，要将它们及时摘除，每隔3天摘1次。由于柑橘类的复芽特性，芽愈摘愈多，坚持到全树大部分（70%～80%）的基枝都有3～4条新梢萌发，即可让它抽生，称为"放梢"。为使新梢萌发整齐，在放梢前一天的所有新芽都要摘除，而且对过高部位的芽要多摘1～2次，使下部的芽长得长些、快些，叫做"压强扶弱"。经几次调整，逐步使树冠平衡。对于树势较弱的树，摘芽7～10天新梢仍不多不壮，就应及时重施速效肥，并继续摘芽，使新梢能大量整齐萌发。放梢的最佳天气是有阵雨的晴天，避免干旱酷热天气放梢。

　　幼树放梢后疏梢工作：每次放梢后，在新梢长至5～6厘米时进行疏梢。疏去短弱的密生枝，留下分布均匀、长势中等的新梢 2～4 条。留梢太多，新梢短弱；留梢太少，新梢易徒长。树冠上部留 3～4 条，树冠中、下部留 2 条。

摘芽控梢还要安排好各次梢期（表 3-1）。应根据当地的土壤、肥水条件和人力、技术等因素来决定放梢次数，才能保证迅速扩大树冠，又能保证每次枝梢的质量和数量。一般来说第一年可放 3～4 次梢，第二年放 4 次梢。

表 3-1 　无籽沙糖橘幼树放梢期

树　龄	春　梢	第一次夏梢	第二次夏梢	秋　梢
第一年春植		5 月中、下旬	7 月中旬	9 月中旬
第二年	2 月中旬	5 月上旬	7 月上旬	9 月上、中旬

为了缩短前后两次梢相隔时间，可采用短截促梢。短截春、夏梢能明显促进下次梢的萌发。短截时间在新梢自剪后转绿期进行。短截部位在剪口下留 6 片叶处下剪。来年结果的幼树，秋梢不能短截。无籽砂糖橘的秋梢长度最好是 20 厘米左右。

无籽沙糖橘的幼树生势壮旺，往往在主干或主枝上萌发生势强的徒长枝，不但扰乱树形，而且争夺营养和水分，影响树冠的正常发育，对这些徒长枝要及早剪除。如果主枝受伤或太弱或位置不当，可利用徒长枝取代，但要在自剪后进行短截，减弱生势，促进抽生侧枝。

无籽沙糖橘幼树栽植后第二年春，往往会抽生花蕾，消耗养分，不利于树冠发育，因此要及早在现蕾期摘除，或在冬季喷洒赤霉素（九二〇）100 毫克/升＋尿素 0.5%，喷 1～2 次，能有效地控制来年春季开花。

在无籽沙糖橘的栽培实践中，广大果农创造了更为简便快捷而实用的整形修剪方法，现简要介绍如下：

①短截放梢取代摘芽放梢。每次新梢老熟后，留 6 片叶，将上部枝条短截，每条短截的枝条萌发的新梢，不多不少刚好是 3 条，而且新梢生长粗壮。其原因是一般枝条的基部 1～3 叶是

"盲芽"，较难萌芽，而 4～6 片叶芽活跃，每叶芽萌发 1 条新梢，比起摘芽放梢，方法简便，用工少，新梢数量适中，粗壮，萌发整齐。

②利用徒长枝快速形成树冠。栽植当年，是根系和树冠恢复期，不用刻意摘芽放梢，否则可能越摘越弱，树势恢复慢，当年的枝梢让其自然生长，更利于形成根群和树冠。

第二年春梢萌动前，选几条生长粗壮的主枝，向外拉至略下垂，在大枝的弯曲部容易萌发徒长枝，每条大枝口留 1～2 条最粗壮的徒长枝，待徒长枝的叶片展开后短截，促发新的枝条，如此重复进行，一年放 5 次新梢，当年就可以快速形成丰产树冠，下年可以投产。

③拗枝代替拉线整形。投产前一年的 11 月，用拗枝整形代替常规的拉线整形，方法简便，既整形又促花，一举两得。操作方法参照"结果树的管理"中的"拗枝促花"。

四、结果树的管理

（一）秋梢的培养

秋梢是无籽沙糖橘的主要结果母枝之一，培养好秋梢是连年丰产的关键措施之一。秋梢的数量和质量要达到如下要求：准备投产的树要培养秋梢 100 条以上；幼年、青年结果树要培养秋梢 100～200 条，长度 20 厘米左右；成年结果树要培养秋梢 200～300 条，长度 15～20 厘米；老年结果树秋梢长度 10～15 厘米。

1. 放梢期的决定

放秋梢的时间因树龄、树势、立地条件及结果量而定。原则是"三早三迟"：结果过多的树早放，结果少的树迟放；山地早放，水田迟放；生势弱的树早放，生势壮旺的树迟放。初投产的幼年树为了扩大树冠可以考虑放二次秋梢。

无籽沙糖橘树谢花 120 天左右，果实的直径达 2.5 厘米时放梢不会引起落果，可以放梢。要提早放梢的果园，放梢前要测量大多数幼果果径是否已达到 2.5 厘米，如果未达到，不要急于放梢，否则会造成大量落果。下面以原产地四会的气候条件为例介绍放梢的时间。

（1）大暑梢（7 月下旬）

①初结果的幼年树为了扩大树冠，可在大暑放一次梢，白露（9 月上旬）放第二次梢。

②20～30 年生的成年树因营养生长较弱，可提前在大暑放梢。

③由于结果过多，枝条出现弯枝下垂的树，可在大暑期间，枝条未弯下之前放梢，过迟因果多枝条出现下垂很难放梢。

（2）立秋梢（8月上旬）

无灌溉条件的山地无籽沙糖橘可在立秋放梢。

（3）处暑梢（8月下旬）

水田无籽沙糖橘及水源充足的山地无籽沙糖橘可在处暑放梢。

（4）白露梢（9月上旬）

①初结果的已放大暑梢的树，在白露放第二次梢。

②结果偏少、生势壮旺的水田无籽沙糖橘为避免出冬梢，推迟到白露放梢。

③准备明年投产的树为避免出冬梢，推迟到白露放最后一次梢。

2. 放梢前的工作

（1）施肥

放秋梢前 15～20 天施肥。有不少新梢萌动的壮旺树提前 15 天施肥，结果多；未见新梢萌动的树提前 20～25 天施肥，施肥量大约占全年施肥量 40%。

以单株结果量 50 千克为例，每株约施优质复合肥 1.0 千克（高氮、高钾、低磷），树势弱或结果过多的树加施尿素 0.1～0.15 千克。

（2）修剪

①短截。树冠顶部的枝条因多次摘梢或杀梢后，枝条的顶部长成瘤状或丛状，必须短截才可抽发合格的秋梢。修剪的方法是每条基枝留 6 片叶，将枝梢上部的瘤状或丛状枝剪去，可抽出

2～3 条健壮的秋梢。

准备投产的树，将末级梢留 6 片叶短截，会长出 3 条健壮的秋梢。

②成年树的回缩修剪。成年树因树势弱，容易出现丛状"扫把枝"。这些枝条因枝多纤弱，只能长出弱的秋梢。所以，在放梢前 15～20 天，将这类"扫把枝"进行短截，才能培养出符合质量的秋梢。修剪方法是把"扫把枝"剪去，剪口粗 0.3～0.5 厘米，留 10 厘米左右的枝桩。剪口数量以树冠直径计算，每米宽的树冠剪口 25～30 个，以成年树冠直径 4 米计算，大约 100 个剪口，以每个剪口长新梢 2～3 条，可培养出 200～300 条较健壮的秋梢。

（3）疏果

结果过多的树，大枝被果坠弯下垂，这种树难放出秋梢。可在树冠顶部，把大型果疏去，既可避免因大果继续发育变成大型级外果，又可减少养分消耗转为秋梢生长，可培养出符合质量和数量的秋梢。疏果的方法是以树冠的直径计算，每米树冠剪口 25～30 个，将大果或壮枝上的果剪去。以一株树的树冠直径 3 米为例，疏果的剪口 75～90 个。

3. 放梢时的工作

（1）选梢留梢

经过修剪和施肥，径 10～12 天新梢萌动，待新梢长至 5 厘米左右时开始选梢和留梢。如果留 6 片叶短截的基枝，大多数能抽出 3 条健壮的秋梢，但壮枝可能抽出超过 3 条的新梢，留 2～3 条大小适中的作为秋梢。留梢的方法是在树冠上部留 3 条，树冠中、下部 2～3 条，壮枝留 3 条，弱枝留 1～2 条。树冠其他部位萌发的枝条容易形成徒长枝，除个别留作补空缺外，其余摘除。

成年树回缩后，新梢萌发数量与剪口粗度有关。剪口粗度

0.3～0.4厘米，萌芽数量2～3条；剪口粗度0.5厘米，可萌发3～5条甚至更多的新梢，一般留2～3条健壮的新梢，把过多的、过弱的疏去。

（2）主要虫害防治

①潜叶蛾。潜叶蛾以幼虫潜食嫩梢幼叶，使叶片卷曲，影响光合作用，对生长影响很大。如果秋梢被潜叶蛾为害，严重时影响树势，开花少，花质差，坐果率低。参阅病虫防治中的潜叶蛾防治。

②红蜘蛛。红蜘蛛为害无籽沙糖橘时，以口针刺破叶片、嫩枝及果实表皮，吸取汁液。受害叶片轻则产生许多灰白色小点，营养受损，光合作用能力下降；重则叶面灰白色、无光泽，并引起落叶。参阅病虫防治中的红蜘蛛防治。此外，秋梢期间还有粉虱、蚜虫、木虱等的为害。

（二）控冬梢促花

有的无籽沙糖橘园本应进入结果年龄，但没有花；有的果园树势壮旺，但只见长树不见开花；有的果园去年丰产今年无花，这都与促花技术有关。因此，无籽沙糖橘的促花技术，是保持丰产、稳产的关键技术之一。

1. 花芽分化的程序和时间

（1）花芽分化程序

无籽沙糖橘的花芽分化分生理分化和形态分化两个阶段。

无籽沙糖橘的芽有叶芽和花芽两种。叶芽不具花，具有叶原基形成枝梢和叶片；花芽具花器官和叶器官，抽生新梢后能在新梢上开花结果。花芽由叶芽原始体在一定的外界条件和内部物质变化作用下发育而成。在芽形成的初期，叶芽和花芽的内部物质和形态解剖上无明显区别，当条件具备时，芽内部物质发生一系列的生理变化，进一步分化出现花萼、花瓣、雄蕊与雌蕊而形成花。无籽沙糖橘花芽分化包括花芽孕育和花器官发育两个阶段。前者称为生理分化，后者称为形态分化。

（2）花芽分化的时间

花芽分化时间与结果母枝老熟程度、树体营养和砧木有关，也与气温和土壤水分等外界条件有关。

生理分化时间从结果母枝老熟开始，形态分化时间一般在生理分化完成后，大约在10月底至次年1月初，以11月上、中旬至12月下旬为分化高峰期。但采收迟的结果树形态分化的时间推迟。

（3）不同砧木与树龄对成花的影响

中、老年树比幼树青年树容易成花，枳壳砧木和红橡檬砧木较酸橘砧木容易成花。

（4）树体营养对成花的影响

树体中细胞液浓度高（可溶性碳水化合物或糖的浓度）就容易成花，而氮物质含量高就难成花。通过控水和低温、环割等措施，可以使枝条和叶片增加淀粉和糖的积累，提高了细胞液浓度，有利于花芽分化。

花芽分化前和分化中，大量的有机磷集中到芽的生长点，因此花芽分化期重施磷肥和叶面喷洒磷液能促进花芽分化。

（5）内源激素对成花的影响

树体内的内源激素有赤霉素、细胞激动素、吲哚乙酸、脱落酸、乙烯等。实验证明，赤霉素显著抑制成花，细胞激动素、脱落酸、乙烯等有促进成花的作用。

2. 不同砧木的成花开花结果习性

无籽沙糖橘主要采用酸橘、枳壳及红橡檬3种砧木。不同砧木对无籽沙糖橘的开花、结果、产量及品质都有较大的影响（表4-1）。

表 4 - 1 3 种砧木对无籽沙糖橘开花、结果、产量及品质的影响

影响因素／砧木	酸 橘	枳 壳	红檬檬
成花难易	幼年和青年结果树较难，成年结果树较易	易	较易
坐果难易	幼年和青年结果树较难，成年结果树易	易	易
果实大小及均匀度	中型果为主，大、小果偏多，果皮薄	中型果为主，大小较均匀，果皮较薄	中型果为主，大果偏多，果皮薄（初结果皮偏厚）
可溶性固形物（%）	14～16	14～16	12～14
品质	保持原种品质风味	保持原种品质风味	初结果树风味偏淡，成年结果树保持原种风味
结果习性	散果多，球果少，内膛结果较多	球果很多，内膛结果很多	球果多，内膛结果多
丰产性	幼年、青年树较丰产，成年树丰产	最丰产	很丰产
促花措施要求	幼年结果树重，青年结果树较重，成年结果树轻	轻	轻
适宜立地条件	山地、坡地	山地、坡地、水田	水田、坡地、低坡山地
花枝类型	较易形成单顶花与带叶花枝	纯花枝和半纯花枝为主	纯花枝和半纯花枝为主

3 种砧木比较，酸橘砧木根系发达，深生，幼年树生势旺，比较难成花，容易形成单顶花，容易出现大型果，保果比较困难，要适当加重促花、保果措施，才能达到丰产树需要的花量和产量；进入丰产期营养生长和生殖生长趋于平衡，容易成花，易保果，产量高。枳壳砧木根系较酸橘砧木浅生，吸收根发达，生

长较酸橘砧慢，营养生长和生殖生长容易平衡，适当的促花措施（控水、喷促花药等）就能够形成纯花枝和半纯花枝为主的丰产型花枝，易结球果，内膛果多，果实大小均匀，中型果为主，丰产性极强。红橡檬砧木虽然生势旺，树冠形成快，但也与枳壳砧木一样容易成花，前期结果皮偏厚，果偏大，味偏淡。结果多年后风味转好，中型果为主，丰产性很强。

3. 不同花枝的开花结果习性

无籽沙糖橘开花枝条，根据形态特征可划分成 5 种：第一种是光棍花枝，这种枝条因环割过重、干旱、伤根或病虫害使秋梢或末级枝在开花前落叶成为光棍枝，衰退树光棍枝多，在光棍枝上开花成串成为光棍花枝；第二种是纯花枝，在结果母枝的叶腋上长出不带叶的花，每个叶腋能形成 2～4 朵花的小花穗，一条结果母枝上由几个至十几个小花穗形成一串的花枝；第三种是半纯花枝，在结果母枝上有一部分叶腋开的是纯花穗，有部分叶腋长出带有 1～3 片小叶着生 2～4 朵小花的带叶花穗；第四种是带叶花枝，结果母枝的大部分叶腋长出带有 1～3 片小叶上着生 2～4 朵花的花穗，一条结果母枝上着生几个至十几个带叶花穗叫带叶花枝；第五种是单顶花枝，在结果母枝的上部生长多条正常的春梢，有的春梢无花，有的在春梢顶端只着生一朵花的叫单顶花枝（表 4 - 2）。

表 4 - 2 无籽沙糖橘 5 种花枝开花结果习性比较

花枝类型	结果母枝叶腋着生花数（朵）	开花量	结果难易	结果母枝果数	果枝类型	果实大小	产量比较
光棍花枝	2～4	多	难	少	散果多		低产
纯花枝	2～4	多	易	多	球果多	中、小型果为主	丰产
半纯花枝	2～4	多	易	多	球果多	中、小型果为主	丰产
带叶花枝	2～4	多	易	多	球果多	中、小型果为主	丰产
单顶花枝	1	少	较难	少	散果多	大、中型果为主	一般

表4-2的5种花枝中,光棍花枝是光棍枝上开的花,由于没有叶片缺乏营养,开花多,落花、落果严重,产量低。纯花枝和半纯花枝花量大,开花后没有春梢与幼果争夺营养,养分集中供幼果发育,坐果率高,容易获得丰产。带叶花枝虽然有2～3片叶,但叶片小,叶片生长消耗养分少,不影响幼果发育,坐果率高,产量高。单顶花枝,开花前后由于春梢生长与幼果争夺营养,幼果发育慢,春梢转绿后易萌发夏梢,易引致落果,果实发育中后期营养充足,易形成大型果。

促花措施过重使秋梢落叶,出现光棍花枝;促花措施过轻易出现单顶花枝;促花措施适当加重,易产生纯花枝、半纯花枝和带叶花枝。生产上应该培养纯花枝、半纯花枝和带叶花枝为主要结果母枝,是获得丰产的保证。

4. 各种促花措施

(1)适时培养优良秋梢结果母枝

秋梢是无籽沙糖橘的主要结果母枝之一,培养好秋梢是连年丰产的关键措施之一。秋梢的数量和质量要达到如下要求:准备投产的树要培养秋梢100条以上;幼年、青年结果树要培养秋梢100～200条,长度20厘米左右;成年结果树要培养秋梢200～300条,长度15～20厘米左右;老年结果树秋梢长度10～15厘米。秋梢生长健壮,无病虫为害,在入冬前充分老熟。

(2)适时采果

无籽沙糖橘适时采收期在冬至前后(12月下旬至元旦)。这时果实已充分成熟,达到最佳品质,应及时采收,有利于树体积累养分进行花芽分化。但近年来不少果农为了供应节日市场,推迟至春节前后才采收,因果实留树时间长,消耗养分多,影响次年开花结果。

(3)控水促花

无籽沙糖橘果实进入着色期(11月中旬)开始调节水分,

减少水分供应，到果实着色中、后期（12月上旬），控制水分供应。控水要掌握时间和程度。以秋梢叶片由浓绿转为亚绿，中午呈微卷，但早晨能展开为度，控水时间25～30天。如秋梢过度卷缩而早晨仍不能展开时，表明控水过度，要及时适当补充水分。水田可灌跑马水，山地直接淋水，使果园的水分控制在上述的程度，防止因控水过量，使叶片失水而落叶。

（4）深翻断根，施有机肥促花

深翻断根的时间，准备投产的树适宜在11月底至12月初进行，结果树采果后立即进行。在树冠滴水线向外深翻25～30厘米，切断一部分吸收根，减少其对水分的吸收，同时也减少根对碳水化合物的消耗，从而提高树液浓度，有利于促进花芽分化。深翻断根结合冬季深翻改土，在滴水线向外挖深40～50厘米，长1～2米，宽40～50厘米的坑，断根后15～20天，叶色由浓绿转为绿豆青色，覆土施有机肥，对促花效果更为理想。以树冠直径3～4米的树为例，每株施腐熟有机肥50千克或腐熟鸡粪15千克，石灰1千克，过磷酸钙1千克，花生麸1～2千克。

（5）拗枝促花

①准备投产树的拗枝整形促花。目前，无籽沙糖橘幼年树已逐渐放弃拉线整形和抹芽放梢费时、费工的传统管理方法，采用短截放梢和拗枝整形促花省工、省时的管理方法。拗枝整形是在投产前一年的11月上旬进行，既能整形又能促花，一举两得。操作方法是在第一或第二级分枝处，两手同时抓紧一条枝条，两手距离20～30厘米，靠枝条基部一端的手用力向上提，外边的手用力将枝条向下压，两手用力方向相反，使枝条变成弯弓状，当弯弓处有断裂的感觉，但枝条的外面看不到裂痕，松手后枝条不反弹呈70°～90°角下垂为准。如松手后枝条向上反弹，说明拗的力度不够，重复上述方法，使松手后的枝条呈70°～90°角下垂。经拗枝后的树形由立直变成开张矮化，抑制了枝条的营养生长，也抑制了冬梢，有利于花芽分化，有整形和促花的双重作用。

②徒长枝拗枝扭枝促花。幼年、青年结果树，容易产生徒长枝，处理好徒长枝，能结1～2千克一级球果，所以，无籽沙糖橘的徒长枝利用得当是提高产量和品质的措施之一。在主干和大枝上长出的徒长枝，因扰乱树冠无利用价值，应及时剪去。树冠中、上部长出的徒长枝可以利用。促花方法可采用准备投产树拗枝的方法，将枝条拗成70°～90°角下垂，可有效地促进花芽分化。

也可用扭枝的方法促花，两手一上一下握紧枝条，枝条上方的手将枝条扭转90°～180°，听到有爆裂声，外表看到裂痕为准。徒长枝促花时间最适宜在11月下旬至12月上旬，过早处理如遇干旱容易造成落叶，过迟处理花芽分化期已过，成花效果差。还可在徒长枝的基部用小刀或环割刀环割一圈，割断皮层，刚达木质部，也达到促花效果。

（6）环割促花

冬季环割，容易引起落叶和衰退。但对于肥水充足而且生长旺盛的酸橘砧树可进行环割促花。枳壳砧树和红檬檬砧树容易成花，环割造成花过量，容易衰退，一般不宜环割促花。环割时间适宜在12月上旬进行。幼年树在主干上，青年树在主枝上环割一圈，割断韧皮部，刚达木质部，切勿割两圈，更不能用环剥，因冬季无籽沙糖橘处于休眠或半休眠状态，伤口愈合慢，容易造成落叶、枯枝，甚至衰退。

（7）药物促花

①柑橘控冬梢促花素促花。控冬梢促花素的特点：

1）抑制冬梢萌发。未出冬梢的树，喷药后能有效地抑制冬梢萌发，有利于营养积累，促进花芽分化。

2）抑制冬梢生长。已萌发冬梢的树，喷药后不论长短都能迫使冬梢停止生长转为花芽分化。使用方法：每包加50千克水，充分拌匀，将树冠外围和内膛，叶面叶背喷湿至滴水为准。勿喷过量，喷1次即可，切勿喷2次。喷药时间：秋梢老熟后，10

月下旬至 12 月上旬，12 月中旬开始切勿喷药。对生长旺盛、结果过多、采收迟的树及控水不到位的水田树，在 12 月 20 日左右再环割 1 次，有助于促花。

②多效唑促花。11 月份喷多效唑加磷酸二氢钾 1～2 次，隔 15 天喷 1 次，有促花和控冬梢的作用。50 千克水加多效唑（含量 15％）0.2 千克，加磷酸二氢钾 0.1 千克。

5. 纯花枝、半纯花枝和带叶花枝的培育

针对不同对象，通过几种促花措施的综合运用，能有效地培育出纯花枝、半纯花枝以及带叶花枝等结果母枝。简述如下：

准备投产树：通过拗枝、控水、松土及喷控冬梢促花素。

酸橘砧树：通过控水、深翻断根及喷控冬梢促花素。

枳壳砧和红檬砧树：通过控水及喷控冬梢促花素。

生势过旺、结果过多、采收迟的树及控水不到位的水田树。喷控冬梢促花素及环割促花。

（三）落果原因及保果措施

在多年的品种选育及推广过程中，我们研究了无籽沙糖橘的无籽机理及落果的原因，总结出了一套行之有效的保果技术。

1. 落果原因

（1）生理落果

无籽沙糖橘生理落果主要出现两次。第一次在谢花后一周即结束。这次生理落果时间短，而且落果量很少，只占幼果量 3％～5％。幼果带果柄脱落。而大部分幼果像一串串糖葫芦，密密麻麻地挂在结果枝上，维持时间约 45 天。第二次生理落果出现在谢花 45 天左右，落果开始的前 30 天是大量落果期，以后逐渐减少，一直持续至 7 月上、中旬（以广东四会为例）。第二次生理落果再落去 75％～85％（表 4 - 3）。如果在此期间不注意保

果，幼果几乎全部落光（表4－4）。因此，沙糖橘的保果重点应放在第二次生理落果期间。

表4－3　保果措施对无籽沙糖橘第一、二次生理落果的影响

地　点	幼果总数（个）	第一次落果（个）	落果率（%）	第二次落果（个）	落果率（%）	总落果率（%）
		2007年3月10日		2007年4月1日至7月25日		
华南农业大学	3 560	106	2.97	2 848	80.00	82.97
广东四会	4 008	160	3.99	3 226	80.49	84.48
广东云浮	5 060	177	3.50	3 645	72.03	75.53

注：环割和喷药保果各2次。

表4－4　无采取保果措施对无籽沙糖橘第一、二次生理落果的影响

地　点	幼果总数（个）	第一次落果（个）	落果率（%）	第二次落果（个）	落果率（%）	总落果率（%）
		2007年3月10日		2007年4月1日至7月25日		
华南农业大学	4 081	195	4.77	3 785	90.00	97.77
广东四会	11 253	542	4.81	10 123	89.96	94.77
广东云浮	8 951	341	3.80	8 305	92.79	96.59

注：无环割和喷保果药，任由自然落果。

（2）果实因缺乏种子产生的内源激素引起落果

柑橘的果实授粉受精后，可促使子房内形成激素。花粉中含有生长素、赤霉素以及似赤霉素的物质芸薹素。只有花粉发芽后花粉管在花柱内生长时，可使形成激素的酶系统活化。受精后的胚乳也合成生长素、赤霉素和细胞分裂素等。它们有利于坐果，并防止脱落。

无籽沙糖橘经授粉花粉管伸入到子房，但不能完成受精过程而形成无籽果实。花粉管在柱头内生长，形成激素酶系统的活化，有利于降低第一次生理落果的落果率。但在第二次生理落果时，正是种子发育阶段，由于无籽，不能合成赤霉素、生长素和细胞分裂素等，因而落果非常严重。

（3）萌发夏梢引起落果

无籽沙糖橘谢花后，幼年树和壮旺树大约在谢花后 1 个月，成年树 40 天左右开始萌发夏梢。如果对夏梢不进行控制，营养失去平衡，幼果是弱者，夏梢是强者，其后果是夏梢大量萌发生长，引致大量的幼果脱落，特别是第一、二批夏梢萌发时正是无籽沙糖橘第二次生理落果开始期。因此，对夏梢的控制，能有效地减少第二次生理落果。

春梢上的单顶果，由于顶端生长优势，春梢还未完全转绿，就在幼果的侧边萌发单条夏梢。由于春梢生长和幼果发育耗尽了养分，夏梢长至 5 厘米时单顶果就会脱落，所以单顶果上夏梢的控制要更及时。

（4）营养不平衡引起落果

无籽沙糖橘的营养生长旺盛，如果谢花至幼果发育时施肥不合理，氮素多时，使根系生长活跃，诱发大量夏梢。肥水水平高的果园，即使及时人工摘夏梢，也会落果过量。主要原因是地上部的夏梢能人为控制，但根系生长旺盛，大量萌发新根得不到控制，同样消耗较多营养而落果（表 4-5）。

表 4-5　无籽沙糖橘谢花肥与夏梢及产量的关系

（2007 年）

面积 （667 米²）	谢花肥	摘夏梢次数（次）	摘夏梢人力（工）	总产量（吨）	增产（%）
100	复合肥 0.5 千克/棵	8	385	275.5	0
100	不施肥	5	98	350.5	27.2

注：调查地点：广东省德庆县马圩镇；树龄：7 年；砧木：酸橘。

2. 保果技术

（1）按需要施足花前肥，少施或不施谢花肥

无籽沙糖橘能完全满足其花芽分化条件时，结果母枝上，一个侧芽可以同时分化成 1～4 个花芽，变成了一串串的"花穗"。花量大于其他品种，开花期消耗大量的养分。所以，应该在现蕾时，视花量施足肥，按结果 50 千克/株计算，参考施肥量及施肥种类为：优质复合肥 1.0～1.5 千克、硫酸钾 0.25～0.5 千克、花生麸 1.0～2.0 千克、硫酸镁 0.1 千克、硼砂 0.1 千克。在滴水线开浅环沟施下。石灰 0.5～1.0 千克地面撒施。

第二次生理落果期（谢花至 7 月中旬）不施肥，以免促发大量的夏梢。待幼果进入稳果期（7 月中、下旬，广东四会）施 1 次较重的复合肥，树势弱或结果多的树加适量尿素。

（2）疏春梢

初结果树、壮旺树及促花措施不足的树，春梢多而长，与幼果争夺养分，引起落花落果。对于这些春梢，如果初结果是以扩大树冠和结适量果为目的的树，应在春梢长至 5～7 厘米时疏去一部分。方法是去弱、去强，留中，每条基枝留 2～3 条春梢。如果是以结果为目的的树，把大部分春梢摘去，去强、去弱，留中，每条基枝留 1～2 条春梢。如果单顶果多的树，可把树冠顶部的春梢全部摘去，让养分集中供给单顶果生长。成年树和春梢量适中的树，把过密的和弱的春梢疏去一部分，大部分保留。

（3）药物保果

无籽沙糖橘因缺乏种子发育产生的赤霉素、生长素和细胞分裂素等内源激素，果实发育中因内源激素水平低，不能满足生长发育的需要而出现大量落果。通过喷药补充这类激素满足果实发育的需要，是无籽沙糖橘保果工作最重要的措施。需要补充的激素主要的是赤霉素（九二○），其次是生长素和细胞分裂素。

喷药保果的时间和方法：谢花后 30 天喷第一次，隔 15 天喷第二次。最基本的配方：九二○（粉剂含量 75%）1 克＋水35～50 千克（如九二○为水剂，每瓶 100 毫升含 4 克，需加水150～200 千克）＋优质尿素 0.4%＋磷酸二氢钾 0.2%＋硼酸 0.1%。也可加细胞激动素（南宝牌）1 瓶（100 毫升），对水 200～300

千克。如有红蜘蛛、蚜虫、粉虱等也可加农药一起喷洒。

（4）环割、环剥保果

环割、环剥是截断叶片光合作用制造的养分向根部输送的途径，暂时抑制根系生长，使养分集中供给地上部生长，满足果实发育，达到保果的目的。无籽沙糖橘环割，伤口大约 15 天愈合，所以 15 天左右环割 1 次。环剥的伤口需要 40～80 天才能愈合，保果效果比环割好，一般环剥 1 次已达到保果的目的。环割则要进行 2～3 次才能达到环剥 1 次的效果。

环割、环剥正确的操作方法：两种方法都是在生理落果前 10 天（谢花 30～35 天）春梢八九成转绿时开始。环割隔 15 天割 1 次，酸橘砧环割 2 次，枳壳砧环割 1～2 次。环剥只进行一次。

环剥口愈合的时间，与环剥的宽度及被剥枝条的大小有关（表 4 - 6）。

表 4 - 6   无籽沙糖橘环剥口宽度、枝条大小与伤口愈合的关系

枝条大小（直径厘米）	5	4.5	4	3.5	3	2.5	2
环剥 2 毫米愈合时间（天）	35	40	50	60	70	110	150
环剥 3 毫米愈合时间（天）	45	60	70	80	110	150	180

注：调查地点：华南农业大学园艺学院试验基地，调查时间：2008 年 4 月 15 日至 9 月 30 日。

枝条直径相同，环剥口越宽，伤口愈合时间越长。例如同是环剥直径 3.5 厘米的枝条，环剥宽度 2 毫米时，愈合时间为 60 天左右。而环剥宽度 3 毫米时，愈合时间为 80 天左右。进行环剥时，如果用 2 号刀（环剥宽度 2 毫米），环剥枝条的直径 3.5 厘米左右为宜，环剥伤口大约需 60 天才愈合，第二次落果高峰期已过，对减少落果，提高坐果率，效果非常显著。小于 3 厘米枝条，伤口愈合时间长，如果伤口长时间不能愈合，导致叶色褪绿、叶脉黄化，严重的树势衰退。如果用 3 号刀环剥（环剥口的宽度 3 毫米），环剥枝条直径 4.0 厘米为宜，伤口大约 70 天才愈

合。而小于 3.5 厘米的枝条不能环剥，否则也会出现同样的副作用。如果用 2 号刀环剥直径 5 厘米以上的枝条，隔 35～40 天再环剥一次。

弱树、黄化树、缺微量元素明显的树不宜环割和环剥。

3. 保果中的一些错误做法

（1）重施谢花肥，使幼果期诱发大量夏梢，加重第二次生理落果

无籽沙糖橘谢花后根系生长活跃，夏梢萌发和生长力非常强，肥水充足的树，春梢还未充分老熟接着就萌发夏梢，有的甚至在幼果的侧边萌发夏梢。有不少果农在谢花和幼果发育期重施复合肥、尿素等肥料，本意是满足幼果发育所需，但实际上是适得其反，加速了夏梢的萌发和根系的生长，引起落果。因此，无籽沙糖橘在花前施足肥，花后不施或少施肥，以免促发大量夏梢，增加落果。

（2）保果药物使用不当，喷次数过多，滥用保果药，使果实出现"厚皮"、"粗皮"、"猪头皮"

①保果开始太早。一般保果喷药 2 次即可，但有的果农未谢花就开始喷药，15 天喷 1 次，喷药保果持续时间 2～3 个月，喷药 3～4 次，浪费人力、物力。有的在第二次生理落果前已喷完，但在第二次生理落果的关键时期反而不喷，达不到应有的药效。

②使用药物浓度过高，使无籽沙糖橘粗皮、厚皮甚至起"猪头皮"。九二〇使用浓度 1 克加水 35～50 千克为宜，有些果农用 20～25 千克；2，4 - D 使用浓度 1 克加水 100～200 千克为宜，但有些果农 1 克加水 50 千克。以上浓度连续使用多次，轻则果皮粗厚不"起沙"，重则变为"猪头皮"。

③多种保果药物混合一起使用。有不少果农将 4～5 种保果药物混合一起，有的甚至用 7～8 种，原意是想保果更"放心"，

但实际上这种做法一是浪费；二是多种激素类混合使用，刺激果皮变粗、变厚，甚至"浮皮"。

④滥用防病虫农药。无虫无病时也把杀虫防病的农药混进保果中使用，既增加了成本，又污染了环境，使有些病虫增强了抗药性。形成农药使用浓度越来越大，而病虫越治越多的恶性循环。

（3）环割环剥过早，次数过多，保果过量，树势衰退，甚至死树

①环割过早，次数多，使春梢难转绿，挂果过量，出现"大小年"。有不少果农在无籽沙糖橘谢花即行环割，10～15 天割一次，直至第二次生理落果高峰期结束需要连续环割 3～4 次，从而造成下列"恶果"：春梢难转绿；结果量过多，放不出秋梢，出现大小年；严重的树势衰退，甚至使根系长期"饥饿"，出现死树，这种现象在产区中并不少见。

②把环剥当作环割，容易剥死树。沙糖橘产区的果农一般习惯采用环割保果，但近年来有些果农改用环剥保果，环剥宽度以 2 毫米居多，也有采用 3 毫米。笔者最近到产区调查发现，大多数采用环剥的果农，仍然沿用环割保果的习惯，环剥后间隔10～15 天，第一次环剥口还未开始愈合，又进行第二次环剥，有的甚至环剥 3 次。这是非常危险的，轻的因结果过多而放不出秋梢，使树势衰退，严重的会剥死树。其实环剥只需一次即行，而且环剥口未愈合是不能再进行第二次环剥的，这种做法是会剥死树的。

（四）夏梢的控制

无籽沙糖橘丰产、稳产的关键在于保果。除了采取合理施肥、喷药及环割等措施外，控制夏梢，防止夏梢生长大量消耗养分而引起落果，也是无籽沙糖橘保果的重要技术措施之一。

1. 以肥控梢

开花前施肥以钾肥为主，氮肥为辅。谢花后要控制氮肥的施用，除个别叶色差的树外，少施或不施氮肥与复合肥，以免促发大量夏梢，消耗养分，使幼果因养分供应不足而落果（表4-7）。

表4-7 无籽沙糖橘谢花肥与夏梢的关系

施肥种类及施肥量（千克/株）	第一次夏梢萌发数量（条）	第一次摘梢后夏梢萌发的数量（条）
硫酸钾 0.25 千克	41	102
硫酸钾 0.25 千克＋复合肥 0.25 千克	95	325
复合肥 0.5 千克	96	357
硫酸钾 0.25 千克＋尿素 0.25 千克	155	463

注：调查树的树冠直径3米，6年生。地址：华南农业大学园艺学院试验基地。

从表4-7可以看出，谢花后只施钾肥的夏梢数量只有41条，加施复合肥增至95条，比只施钾肥的增长131%，加施尿素增至155条，比只施钾肥的增加了278%。说明控制氮肥的使用，可大幅减少夏梢的萌发，有利于养分转移到果实发育上，达到提高坐果率的目的。

2. 人工摘梢

无籽沙糖橘萌发新梢能力很强，尤其是在夏季高温、高湿条件下，夏梢萌发能力更强，在正常肥水管理水平较高的果园，摘1条夏梢，过几天在已摘除的叶芽处长出2～3条新梢，树势壮旺的树甚至长出5～8条新梢，越摘夏梢越多。

人工摘梢的方法是当夏梢长至5～7厘米，新梢新叶还未展开时摘除，7～10天摘1次，摘至7月中下旬（谢花后约120天），无籽沙糖橘已进入稳果期（即萌发新梢也不会引起落果）时，可停止摘梢。整个夏梢期人工摘梢8～10次。单顶果由于顶端优势明显，在春梢转绿后接着在幼果的侧边萌发单条夏梢，由于单顶果结在春梢上，春梢生长消耗了大量的养分，幼果养分积累少，夏梢只长至 5 厘米时单顶果就会脱落。因此，对单顶果上的夏梢，要在夏梢长至 5 厘米前摘去，才能保住单顶果。

人工摘梢的缺点十分明显：①夏梢要及时摘除，如不及时摘除就会造成落果，而人工摘梢很难做到"及时"。夏梢一般超过 10 厘米会造成落果，单顶果上的夏梢超过 5 厘米会脱落，遇到恶劣天气都必须坚持摘梢。如果错过不摘，就会造成大量落果。②消耗养分多，容易引起落果。人工摘梢就算及时摘，但每次摘去一部分新梢，等于消耗了一部分养分。一个夏梢期 1 株成年树（树冠 3～4 米）每次按摘去 0.5 千克嫩梢计算，一个夏梢期就等于从这株树上摘去了 4～5 千克嫩梢。因此，就算能及时摘梢，也会因嫩梢消耗了养分造成损失。③成本高。人工摘梢 35～50元/工，成年大树每人每天只能摘 2～4 株，摘 1 次梢花费 7～10元/株，广东省广宁县南街镇有一位专业户种了 100 公顷无籽沙糖橘，每天有 200 人摘夏梢，每天摘梢支出约 7 000 元。普遍来说，人工摘梢大约占当年生产成本 30%。

3. 以果控梢

通过施肥、药物保果、环割等措施，使无籽沙糖橘结果量超过正常产量的 20%～30%。绝大部分养分供应果实发育，控制了夏梢萌发，达到以果控梢的目的（表 4-8）。

表 4-8　无籽沙糖橘挂果量与夏梢萌发量的调查结果

植株编号	1	2	3	4	5	6	7	8	9	10
树冠直径（厘米）	310	306	305	310	305	306	308	310	303	306
结果量（千克/株，估产）	56	61	45	35	69	65	45	52	65	72
夏梢数量（条）	35	32	75	88	25	28	72	38	30	25

注：调查地点：华南农业大学园艺学院试验基地；调查时间：2008 年 5 月 27 日。

上述调查的树冠大约 3 米。但结果量不同的树，夏梢萌发数量差异很大。结果 35 千克的树，夏梢萌发数量多达 88 条，如果让其生长势必引起落果，而结果量达到 50 千克以上的树，夏梢数量明显减少，只有 35 条左右，让其生长也不会引起落果。结果量 70 千克左右时夏梢数量更少，只有 25 条左右。因此，以果控梢既能提高产量，又避免或减少了摘梢人工，降低成本。

以果控梢的树，放秋梢前结合修剪，提前 15～20 天在树冠中、上部剪去超载部分的果，重点剪去树冠顶部的单顶果或单果（因这部分果会结成大型果，大型果因品质差，属于次果），就可以放出符合质量和数量的秋梢。无籽沙糖橘不同树冠大小的合理结果量可以参考表 4-9。

表4-9 无籽沙糖橘树冠大小与合理结果量（仅供参考）

树冠直径（厘米）	130	150	180	200	220	230	250	260	290	300	350	400
合理结果量（千克）	7.5	10.0	15.0	20.0	25.0	30.0	35.0	40.0	45.0	55.0	75.0	100.0
以果控梢阶段的结果量（千克）	10.0	12.5	17.5	25.0	32.5	37.5	42.5	47.5	55.0	65.0	85.0	115.0
放梢疏果量（千克）	2	2	2	4	6	6	6	6	8	8	8	10

4. 以梢控梢

从夏梢萌发之初，在树冠顶部选无果的枝条留一部分夏梢让其生长，让这部分夏梢因消耗了部分养分而牵制了其他夏梢不会萌发，因为留住适量的夏梢比人工摘梢消耗的养分还小或相当，就不会引起大量落果，达到以梢控梢的目的（表 4-10）。

表 4-10　无籽沙糖橘夏梢数量与落果量调查

植株编号	1	2	3	4	5	6	7	8	9	10	CK1	CK2	CK3
树冠直径（厘米）	255	260	255	253	252	250	257	248	249	258	257	251	259
夏梢数量（条）	35	40	60	78	80	21	25	61	58	68	0	0	0
落果量（个）	250	268	375	410	420	226	235	370	368	386	258	260	245

注：调查地点：华南农业大学园艺学院试验基地，2009 年 4 月 20 日至 5 月 20日。CK：为人工摘梢。

表 4-10 调查阶段正值第二次落果高峰期，但夏梢萌发增加了不正常落果，夏梢数量每米树冠 10～20 条的落果量与对照相近，如 1 号树、6 号树、7 号树夏梢数量少，落果与对照差不多。超过这个基数者夏梢越多，落果越严重，如 4 号树、5 号树、10号树夏梢数最多，引起大量落果。每株树应该留多少夏梢，参考数据如下：每米宽树冠（指树冠的直径）留 10～20 条，2 米宽树冠留 20～30 条，3 米宽树冠留 30～40 条，4 米宽树冠留 40～60 条。

5. 药物控梢

人工摘梢成本高，如未及时摘梢会造成落果。以果控梢和以梢控梢是在保果技术熟练的情况下，才能控制好结果量和夏梢萌发的数量，不易普及和推广。如果大面积栽培，始终要靠药物控梢。

（1）杀梢素杀梢

①优点。喷药后很快见效，第二天即见嫩叶变色枯死。

②缺点。药效期短，嫩叶枯死而枝不死，过几天又重新萌芽长梢，杀死一条梢重新长出 10 余条新梢，每条原来的基梢长出一个"小扫把"，一个夏梢期要重复喷多次。高温时间使用，易使果"花皮"；放秋梢前要短截"小扫把枝"，才能放出符合质量

的秋梢。

（2）柑橘控梢素控梢

柑橘控梢素对无籽沙糖橘的嫩芽有很强的抑制作用，喷第二次可控制夏梢60～90天，免除了人工摘梢之苦，又克服杀梢素控梢时间短的缺点。特点：①抑制夏梢萌发：对未萌发夏梢的树有抑制夏梢萌发的作用，抑制时间60～90天。②抑制夏梢生长：对柑橘的嫩梢有抑制生长的作用，夏梢越短，控梢效果越好，控梢时间60～90天。

①喷药时间。春梢和幼果完全转绿成深绿色才准使用（春梢未够老熟时切勿使用，否则会黄果、黄叶）。如果初出夏梢时春梢还未完全转绿，要用人工摘梢1～2次，待春梢完全转成深绿色后，待下一轮夏梢开始萌动时至2厘米以内时使用；超过3厘米的夏梢喷药后会继续伸长，引起落果，因此先把超过3厘米的夏梢摘除后才可喷药。

②喷药方法。每瓶加足200千克水（不能少于200千克），另加尿素0.6千克＋磷酸二氢钾0.4千克，用人工喷雾。如用喷雾器喷雾，将压力调至1.0千克（平时喷药用2～2.5千克），用弯喷头（不能用直喷头），调至最雾化的状态在树冠顶部向下均匀地喷至叶面起水珠，接近滴水为准（喷药质量非常重要：切勿喷得过湿或过薄，喷至有水流为过湿，药液流到枝条会伤枝。未起水珠为过薄，控梢效果差）。不准喷叶背、树冠中、下部和内膛。隔8～10天喷第二次。第一次喷药后夏梢还会缓慢伸长，切勿摘除，喷第二次药后会停止生长。控梢时间60～90天。

③注意事项。1）放秋梢前60天停止使用本药。2）黄龙病树、其他病树、弱树及缺微量元素明显的树勿用本药。3）11～15时高温时段，请勿用药。4）喷药后两个小时生效。如两个小时内遇雨切勿复喷，要隔8天才喷。5）进入6月份高温期，用药效果差，不能使用。6）用药初期受药的叶片和幼果变黄是正

常现象，幼果发育也有可能受到抑制，1个月后会恢复正常。7）要充分摇均匀才能开盖使用。8）喷药前后不能用其他杀梢或控梢药。9）勿与其他农药混合使用。

④控梢素控梢的优点。1）控梢时间长。可控夏梢 60～90天。2）成本低。经多年多点试验比较，一株成年树，用人工摘夏梢需 12～15 元，用杀梢素需 4～6 元，用控梢素约 0.3～0.5元。广东省德庆县马圩镇有 4～10 年生无籽沙糖橘 15 000 株，两次喷药用了药款 1 275 元，用工 50 个，工款 1 500 元，控梢支出共 2 775 元。如用人工摘梢需费用 22 500 元，节约了 19 725 元，控梢素控梢的费用是人工摘梢的 12%，即节约了 88% 的成本。云浮市前峰镇一果园 600 株无籽沙糖橘，两次控梢用药成本和喷药人工仅 200 元左右，而人工摘梢费用 7 200 元，节约了 7 000元。又如广宁县螺岗镇李姓果农，无籽沙糖橘 4.7 公顷共 5 000株，2008 年喷洒柑橘控梢素两次共 35 瓶，达到了控制夏梢生长的目的，有效期长达 90 天，并未对果树生长造成不良影响。按人工摘梢支出计算，需付工资 1.75 万元，而用控梢素成本 1 225元，喷药人工 600 元，总支出只有 1 825 元，比人工摘梢节约支出 15 675 元。此外，螺岗镇还有许多果农使用了控梢素，同样达到如期效果。如果全县 0.9 万公顷结果的无籽沙糖橘都使用控梢素，每年可节约支出（摘梢人工）3 000 万元。3）后期不用摘梢。控梢素使用两次，控梢可到 7 月份，已到稳果期，让夏梢生长也不会引起落果。控梢素严格使用，才能达到预期的控梢效果。

（3）药效过后"以梢控梢"

控梢时间 60～90 天后，夏梢开始恢复生长，如果新长的夏梢数量不多时（每米树冠 10～20 条），让其生长。如果数量过多，疏去一部分，每平方米树冠留 10～20 条，以梢控梢，有利于恢复树势和幼果生长，又不用摘夏梢。

（4）直接放秋梢

沙糖橘的果径达到 2.5 厘米时放梢不会引起落果。广东无籽沙糖橘产区大暑时果径已达到 2.5 厘米，可以利用这个时期高温（35℃以上）潜叶蛾不产卵，丰产树的果枝还未下垂弯枝时，容易放出秋梢，同时又可不用防治潜叶蛾。无籽沙糖橘萌芽能力强，直接施肥，不用短截修剪也可长出符合质量和数量的秋梢。

（5）利用迟秋梢

由于提早放秋梢，生长旺的树可能会抽出少量的迟秋梢，这些梢在入冬前能老熟，也是很好的结果母枝。

（五）裂果的原因及预防

无籽沙糖橘是裂果比较少的品种，一般自然裂果率 2%～5%。但由于果皮薄，有的果园因管理不善，裂果率高达 20%～50%。有些年份因连续长时间的干旱，突遇暴雨也引致大量裂果。但不论是天气原因，还是管理原因，都可以通过栽培管理降低裂果率，减少不必要的损失。

1. 裂果的原因

（1）正常管理的裂果率

无籽沙糖橘在 7 月下旬开始裂果，大量裂果出现在果肉膨大最快，果皮由厚变薄的 9 月上旬到 11 月上旬，其中 10 月下旬至 11 月上旬着色期是裂果高峰期。11 月中、下旬果实已着色，果肉生长缓慢，裂果基本停止。

据田间观察，大多数裂果首先从果顶开始，沿果皮最薄的两边纵向开裂，极少沿果皮厚的两边开裂，绝大部分裂果是纵向开裂，极少数裂果是横向开裂。第一天果皮开裂，第二天裂口两边的果皮开始变褐色和收缩，第 3～4 天裂果从树上脱落。

无籽沙糖橘正常的管理，裂果率为 2%～5%（表 4-11）。

表 4-11　无籽沙糖橘正常管理的裂果率

地点	面积（667米²）	产量（千克）	裂果量（千克）	裂果率（%）
郁南县	50	132 160	6 180	4.7
云浮市	40	92 112	3 904	4.2
阳春市	40	90 160	1 850	2.1
四会市	45	91 131	3 513	3.9
英德市	35	73 489	3 415	4.6
佛岗县	65	146 130	5 260	3. 59
清新县	90	234 120	7 725	3.3
云安县	125	375 110	17 260	4.6

注：调查时间为2007年。

（2）不正常的裂果率

有的果园出现不正常的裂果，裂果率 $25\%\sim40\%$，严重的达到 50%（表 4-12）。

表 4-12　无籽沙糖橘不正常的裂果率

地　　点	株数	砧木	树龄	年份	产量（千克）	裂果量（千克）	裂果率（%）
阳春市永宁王生果园	200	红橼檬	6	2006	12 500	5 610	44.8
阳春市圭岗覃生果园	150	红橼檬	6	2006	5 310	2 610	49.1
云安县前锋卢生果园	500	酸橘	7	2007	5 110	2 080	40.7
云浮市安塘苏生果园	310	酸橘	4	2005	5 301	2 130	40.1
云浮市安塘陈生果园	3 000	枳壳	5	2007	86 330	2 320	26.8
清新县南冲刘生果园	300	酸橘	6	2007	15 500	4 820	31.1

据调查分析，上述果园裂果多的原因是，幼果期保果使用九二〇浓度过低和偏施磷肥使果皮过薄。秋、冬季干旱时不注意灌水保持土壤水分均衡，一遇大雨，果实吸水膨胀引致大量裂果。

（3）不同砧木的裂果率

无籽沙糖橘常用酸橘、枳壳及红橼檬 3 种砧木，不同砧木的裂果差异较大。下面是在相同环境、相同树龄、同等管理条件下，不同砧木种类的无籽沙糖橘的裂果率比较（表4-13、表4-14、表4-15）。

表4-13　枳壳砧树与酸橘砧树的裂果比较

砧木	年份	株数	产量（千克）	裂果量（千克）	裂果率（%）
枳壳	2006	60	2 070	39	1.8
酸橘	2006	310	10 520	420	3.9
枳壳	2007	60	2 400	33	1.4
酸橘	2007	310	10 630	316	3.0

注：调查地点为云浮市安塘镇。

表4-14　枳壳砧树与红檬檬砧树裂果比较

砧木	年份	株数	产量（千克）	裂果量（千克）	裂果率（%）
枳壳	2007	500	12 500	265	2.1
红檬檬	2007	300	6 330	310	4.9

注：调查地点为云浮市安塘镇。

表4-15　红檬檬砧树与酸橘砧树裂果比较

砧木	年份	株数	产量（千克）	裂果量（千克）	裂果率（%）
酸橘	2006	500	15 430	258	1.6
红檬檬	2006	500	16 380	415	2.5
酸橘	2007	500	17 560	319	1.8
红檬檬	2007	500	19 870	658	3.3

注：调查地点为阳春市圭岗镇。

从调查结果看，3种砧木比较，裂果最少的是枳壳砧（1.4%～2.1%），其次是酸橘砧（1.6%～3.9%），红檬檬砧裂果最多（2.5%～4.9%）。

（4）初结果树与盛产期树的裂果比较

初结果树与进入盛产期的树的裂果比较见表4-16。

表4-16   初结果树与盛产期树裂果比较

树龄（年）	株数	产量（千克）	裂果量（千克）	裂果率（%）
4（初产）	350	5 250	63	1.2
7（盛产）	600	21 090	925	4.3

注：调查地点为佛岗县水头镇。

初结果树裂果率为1.2%，进入盛产期的裂果率为4.3%，盛产树比初结果树裂果增加2倍多。原因是初结果期由于树势旺，营养充分，果皮较厚，抗裂能力强，故裂果少。进入盛产期树势转弱，结果多，营养分散，果皮变薄，故裂果增加。经测定，初结果树（4年生）的果皮平均厚度为1.82毫米，而盛产期树（7年生）的果皮平均厚度只有1.40毫米，抗裂能力降低，所以裂果增加。

（5）果皮厚薄与裂果的关系

无籽沙糖橘的裂果与果皮厚度关系密切。从表4-17调查显示，果皮越薄裂果越严重，果皮越厚裂果越少。果皮厚度0.8毫米，裂果5.21%；1.0毫米，裂果4.46%；1.2毫米，裂果3.3%；1.8毫米，裂果0.98%；2.5毫米以上，少见裂果。

表4-17   无籽沙糖橘的果皮厚度与裂果的调查

果皮厚度（毫米）	0.8	1.0	1.2	1.5	1.8	2.0	2.2	2.5	3.0
调查果数（个）	1 650	1 680	1 360	1 520	1 218	1 360	1 120	985	1 020
裂果数（个）	86	75	40	21	12	6	2	0	0
裂果率（%）	5.21	4.46	3.38	1.38	0.98	0.44	0.17	0	0

注：调查地点：华南农业大学园艺学院试验基地；时间：2008年7月1日至12月1日。

（6）果实着生部位与裂果的关系

无籽沙糖橘的树冠不同部位的裂果差异很大。裂果最多的是在树冠顶部，顶果裂果占81.5%，中、下部树冠的裂果只占18%，内膛裂果极少（表4-18）。

表4-18　树冠不同部位的裂果比较

果园编号	裂果数	树冠不同部位的裂果数（个）			树冠不同部位的裂果率（%）		
		顶部	中、下部	内膛	顶部	中、下部	内膛
1	276	220	56	0	79	21	0
2	168	126	41	1	75	24	1
3	319	271	46	2	85	14	1
4	228	205	23	0	89	11	0
5	198	154	42	2	77	21	2
6	261	216	45	0	82	18	0
7	271	230	41	0	84	16	0
8	281	227	14	0	81	19	0
平均					81.5	18	0.5

注：每个果园调查50株，统计总裂果数、树冠不同部位裂果数。调查地点为云浮市安塘镇；调查时间为2008年9月至11月。

在树冠的顶果中，裂果主要发生在果皮厚度1.0～1.2毫米的薄皮果，其中1毫米以下最易裂果。而树冠中、下部的薄皮果裂果比顶果少，内膛的果大部分都是薄皮果，但少发生裂果。这主要与生长优势有关。树冠顶部有顶端优势的作用，养分及水分供应优先，特别是水分供应优先，薄皮果因果肉吸水膨胀被迫爆果皮发生裂果。相反，树冠中、下部及内膛果水分吸收减弱，虽然皮薄，也不会被迫爆果皮，裂果明显小于顶果。

（7）果壳空间和果肉大小与裂果的关系

无籽沙糖橘裂果高峰期，果肉生长快过果皮增长，果肉的横径大于果壳内的空间横径，果壳内没有空间给果肉生长，靠果皮的拉力包裹着果肉。如遇到外界条件的影响（如时晴时雨，雨晴相间的天气），使果肉吸水膨大挤破果皮引致裂果，尤其是薄皮果更易爆裂。

（8）久旱突降大雨引致大量裂果

久旱因缺水分，果实生长缓慢，果肉的膨大缓慢，很少裂果。如果久旱之后突降大雨，果肉组织的细胞吸水膨大，而果皮组织不能同步生长膨大，因而引致大量裂果。例如，2005年9~10月广东云浮市干旱达1个多月，而在沙糖橘开始着色时突然连下2天暴雨，裂果由原来的不到2%突然上升至40%，损失惨重（表4-19）。

表4-19 久旱与久旱突降暴雨的裂果比较

砧木	株数	未降大雨前裂果量（千克）及裂果比例（%）	连降2天大雨后裂果量（千克）及裂果比例（%）	收果量（千克）及比例（%）
酸橘	310	75（1.4%）	2 325（42.1%）	3 120（56.5%）

注：调查地点为云浮市安塘镇，调查时间为2005年。

（9）九二〇和2，4-D与裂果的关系

喷施九二〇和2,4-D都可使果皮增厚，明显减少裂果，浓度越高或使用次数越多果皮越厚，裂果越少（表4-20和表4-21）。

表4-20 喷施不同浓度的九二〇果皮厚度与裂果率

浓度（毫克/升）	使用次数	果皮厚度（毫米）	收果量（千克）	裂果量（千克）	裂果率（%）
20	3	1.5	315	12	3.8
30	3	1.8	290	7.25	2.5
40	3	2.3	330	5	1.5

注：每个处理10株树。调查时间为2007年，调查地点为广州华南农业大学柑橘园。

表4-21 喷施不同浓度的2,4-D果皮厚度与裂果率

浓度（毫克/升）	使用次数	果皮厚度（毫米）	收果量（千克）	裂果量（千克）	裂果率（%）
5	4	1.5	290	7.25	2.5
10	4	2.3	304	3.5	1.2

注：每个处理10株树。调查时间为2007年，调查地点为广州华南农业大学柑橘园。

九二〇 40 毫克/升和 2,4-D10 毫克/升使用 4 次虽然能明显增厚果皮，裂果降到 1.2%～1.5%，但因果皮过厚不起"沙"、影响外观。以 30 毫克/升的九二〇和 10 毫克/升的 2,4-D 使用二次为宜，既能保果又能使果皮适度增厚减少裂果，并能使果皮保持起"沙"而不影响外观。

（10）防裂果效果显著的果园个例分析

防裂果效果好的果园平均裂果率在 0.15%～0.70% 之间（表 4-22）。通过调查，防止裂果管理上主要是适当增加果皮厚度，增强果皮的韧性，使拉力加强，保持土壤水分较均衡，可大幅度降低裂果率。

例如，广东清新县刘生的果园连续 3 年的裂果率只有 0.15%，防裂果的措施是谢花每株施硫酸钾 0.25 千克，4～5 月每株撒施石灰 0.5～1 千克，夏秋季结合病虫防治喷 3～5 次 1% 的硫酸钾＋0.2% 的硝酸钙，冬季遇旱时 15 天灌水 1 次。

表 4-22　几个防裂效果好的果园裂果率比较

地点	株数（株）	年份	总产量（千克）	裂果量（千克）	裂果率（%）	3 年平均裂果率（%）
阳春市圭岗韦生果园	20 000	2005	251 890	563	0.22	
		2006	325 860	695	0.21	0.22
		2007	415 610	985	0.24	
清新县南冲镇刘生果园	350	2005	3 530	6	0.16	
		2006	11 020	15	0.13	0.15
		2007	15 310	25	0.16	
佛岗县水头镇陈生果园	75	2005	3 250	15	0.46	
		2006	4 230	35	0.83	0.70
		2007	5 130	42	0.82	

2. 防止裂果的技术措施

纵观无籽沙糖橘裂果的原因主要有：一是果皮薄易引致裂果；二是久旱突遇大雨引致裂果。对此防止裂果的应对措施如下：

（1）增强果皮的韧性和适当增强果皮的厚度

无籽沙糖橘的果皮厚度1毫米左右易裂果，1毫米以下更易裂果，果皮厚度1.5～2.0毫米，由于果皮厚度增加，韧性增强，拉力增加，很少裂果。但皮厚超过2.5毫米易产生粗皮影响外观。因此，在生产上果皮的厚度最好控制在1.5～2.0毫米，既能减少裂果，又能保持无籽沙糖橘原有的外观。

①施有机肥。坚持以有机肥为主的施肥原则，结合冬季深翻改土施足有机肥，改良土壤，增加土壤有机质，培养更多的吸收根，使树体营养均衡，果实发育正常，果皮厚度适中，裂果减少。

②幼果期保果适当增加九二〇的浓度。第一次每克九二〇对水40～50千克，第二次和第三次每克对水35千克。果皮厚度1.5～2.0毫米，厚度适中，裂果减少。

③开花和谢花肥以钾为主，氮为次，少施磷肥。复合肥最好选高钾、中氮、低磷的配方。以结50千克果的单株为例，施复合肥1～1.5千克，钾肥0.25千克。开花和谢花肥最好两次并作1次，在已完全现花蕾后至开花前一次施下。

④谢花后及时往地面撒施1次石灰。作用是：1）中和土壤中的酸碱度，有利于根系生长；2）有利于根系吸收和利用土壤中的有效养分；3）提高果皮中钙的含量，增强果皮的拉力，对减少裂果有重要作用。石灰施用量，按树冠大小而定。树冠直径2米以下每株施0.5千克，3～4米每株施1千克，谢花后地面撒施。

⑤在裂果高峰期前的6～8月，结合病虫防治喷3～4次加钾

加钙的叶面肥，使用浓度为硫酸钾 1%＋硝酸钙 0.2%。此措施见效快，防裂果作用明显。

（2）保持土壤水分均衡

①在裂果高峰期的 9 月上旬至 11 月上旬共约 70 天时间里，如果遇连续干旱每隔 15 天灌水 1 次。作用是：1）保持土壤水分均衡，防止因缺水影响果实膨大；2）防止因久旱突降大雨导致大量裂果。灌水方法切勿 1 次灌透，否则反而引致裂果。要分两步灌：第一天先淋湿地面，第二天才淋透。在连续干旱的情况下，每隔 15 天淋 1 次，共灌 3 次，可度过裂果高峰期。

②秋、冬季节果园长草，树盘覆盖，保持土壤湿润。

③有条件的果园采用滴灌，防裂果效果更好。

3. 防裂果中的一些错误做法

（1）滥用九二〇

①幼果期使用浓度过高，以致果皮增厚过度，变成厚皮果，失去了无籽沙糖橘"皮薄起沙"的特殊外观。有的果园每克九二〇只对水 20～25 千克，成为无起"沙"的厚皮果，同时也降低了果肉品质。

②在裂果高峰期喷九二〇，防止裂果效果显著，但果实成熟推迟，错过了最佳销售期，而且果皮色泽由最有卖相的橘红色变成带有绿色斑点的鸡蛋色，影响卖相。

（2）秋冬季果园铲草

有些果园为了减少杂草与果树夺水分，在秋、冬季把草铲光，结果适得其反，果园由于没有杂草的遮盖，干旱季节蒸发量更大，土壤含水量比有草的果园更少，既影响果树的生长和果实膨大，而且更易因久旱突遇大雨引致更多的裂果，还引致红蜘蛛发生。

（3）过量施磷肥

适量的磷有促进根系、新梢生长及花芽分化、提高坐果率，并使果实早熟，降酸增糖的作用。但在果实发育期，过量的磷会使果皮变薄，增加裂果。磷肥最好在冬季深翻改土结合施有机肥时 1 次施下。果实生长发育期，则选用高钾、中氮、低磷的复合肥为宜。

（六）如何提高果实商品等级

无籽沙糖橘是一个果实外观和品质要求很特殊的品种。其特点是：①皮薄。果皮厚度 1～2 毫米，超过 2.5 毫米时粗皮不"起沙"。②"起沙"（果皮油胞大，而且凸起像小沙粒，称起沙）。果皮油胞大而且凸，手摸有凹凸感。③色泽好。果皮有光泽，橘红色。④质优。肉质爽嫩化渣，品味清甜多汁，可溶性固形物含量 14%～16%。⑤中型果为主。最畅销和售价最高的是中型果（果径 4.0～5.0 厘米），其次是小型果（果径 3～3.9 厘米），大果（果径 5.5 厘米以上）果皮粗厚不起沙，果肉带渣，品质下降，小果含酸增加（果径 3.0 厘米以下）属于次果，售价不到中型果的一半。如何提高果实商品等级，是丰产、保丰收不可忽视的重要环节。

1. 果皮"起沙"、"平沙"、"凹沙"与果皮厚度的关系

无籽沙糖橘的果皮"起沙"、"平沙"、"凹沙"与果皮厚度关系密切。果皮越薄油胞越大，越"起沙"；果皮越厚油胞越小，变成"平沙"，甚至变为"凹沙"。"起沙"果的果皮厚度 1.0～2.2 毫米，平均厚度为 1.60 毫米，油胞直径 0.7～1.0 毫米；平沙果的果皮厚度 2.1～2.6 毫米，平均厚度为 2.34 毫米，油胞直径 0.5～0.7 毫米；"凹沙"果的果皮厚度 2.5～3.3 毫米，平均为 2.91 毫米，油胞直径 0.3～0.5 毫米。油胞凹陷在果皮中，称为"凹沙"（表 4-23）。

表 4 - 23　无籽沙糖橘果皮起沙、平沙、凹沙与果皮厚度相关性

(2008 年 12 月，广州)

果实编号	1	2	3	4	5	6	7	8	9	10	果皮平均厚度(毫米)	果皮油胞直径(毫米)
"起沙"果皮厚度(毫米)	1.2	1.2	1.0	1.0	1.5	2.1	1.9	2.2	2.0	1.9	1.60	0.7~1.0
"平沙"果皮厚度(毫米)	2.5	2.6	2.2	2.3	2.1	2.1	2.4	2.2	2.5	2.5	2.34	0.5~0.7
"凹沙"果皮厚度(毫米)	2.8	2.5	3.2	3.0	2.6	3.3	2.7	3.0	2.8	3.2	2.91	0.3~0.5

注：果皮起沙：果皮油胞凸起，手摸有凹凸感，油胞大，油胞直径 0.7～1.0 毫米。

果皮平沙：果皮油胞平，手摸光滑，油胞中等，油胞直径 0.5～0.7 毫米。

果皮凹沙：果皮油胞凹陷，手感粗糙油胞小，直径 0.3～0.5 毫米。

2. 影响果实外观和品质的因素

（1）立地条件对果实品质的影响

风口位置（山窝地和山坳向北的山口）和向北坡的果园，因为常年风大，果实与枝、果与果之间发生摩擦，果皮表面油胞破损出现不规则的花皮。风大也使树势偏弱、生长较慢，果实的色泽和品质较差。山地果园向西坡的树因日照强烈，树势偏弱，果实日灼伤较多，光泽差，色泽与品质也较差。

（2）滥用激素保果，use果实出现厚皮、粗皮、"猪头皮"

九二〇使用浓度过高（每克对水 20～25 千克），喷洒多次，使果皮增厚成厚皮果，树冠顶部的果更易形成粗皮果。多种激素混合使用（九二〇、2,4-D、爱多收、防落素、细胞分裂素等），易出现"猪头皮"果。

（3）有些农药及叶面肥在果实发育期间使用引致花皮

果实发育期使用克螨特会使果面形成条状或点状黑斑，外

观很难看，严重影响销售；机油乳剂使用后，机油残留在果面出现云状黑斑；高温时也易使果实出现日灼病；某种叶面肥，喷药后在果实底部残留的药液形成黑色圆圈，果面有芝麻大小的黑点；某种冲施肥喷果后也在果实上形成黑色斑点；杀虫脒、杀虫双易使果实产生黑色斑点；某些杀梢素使果实产生花皮。

（4）病虫果及机械伤果影响果实外观

锈蜘蛛为害果实成黑皮果；粉虱、蚜虫和介壳虫的分泌物诱发煤烟病果；蚜线螨、金龟子、同型巴蜗牛和蓟马为害幼果成伤疤果；介壳虫、褐点果、炭疽病、日灼病及机械伤直接影响果实外观。病虫及机械伤果见下表4-24。

表4-24　无籽沙糖橘病虫及机械伤果调查

（2008年10月）

地点	病虫果类型 果数及比例	黑皮果	煤烟病果	介壳虫果	炭疽病果	机械伤果	褐点果	日灼病果	伤疤果	正常果
华南农业大学	果数（个）	0	0	35	0	96	252	24	402	2 191
	比例（%）	0	0	1.2	0	3.2	8.4	0.8	13.4	73.0
阳春奎岗	果数（个）	10	5	43	0	108	209	31	502	2 092
	比例（%）	0.3	0.16	1.4	0	3.6	7.8	10	16.7	69.8
云浮安塘	果数（个）	6	3	51	10	76	369	11	522	1 952
	比例（%）	0	0	1.7	0.3	2.5	12.3	0.4	17.4	65.1
各种果的平均比例（%）		0.1	0.1	1.4	0.1	3.1	9.2	0.7	15.8	69.3

注：每个地点调查30株，每株调查100个果。

从表4-24可以看出，在目前栽培管理技术较高的情况下，黑皮果、煤烟病果、介壳虫果、炭疽病果容易发现，防治及时，病果较少。而伤疤果比例较高，因这种果是在幼果期被为害，伤疤小，不易被发现，果长大后伤痕随果膨大而扩大，才看到被害的症状，这时防治为时已晚。褐点果发生比例较高，但诱发原因不明，有待进一步观察研究。

（5）栽培措施不当引致大小果

①栽培措施不当引致大果。

1）初投产树促花和保果措施不到位，花少结果量少，易出现大果。

2）结果树促花措施过轻，氮素营养过剩，易形成单顶花多。单顶果由于营养充足，易发育成大果。

3）有些保果药物未起到保果作用，反而起疏果作用，使枝条结果过少，易发育成大果。

②栽培措施不当引致小果。

1）山地无籽沙糖橘结果多，如遇干旱，缺乏灌溉设施出现小果。

2）有些果园结果过多，肥料营养跟不上，又不进行疏果，出现小果。

3）连续使用杀梢素，会明显抑制果实发育，形成小果。

3. 提高果实外观及品质的技术措施

（1）选适宜的立地条件建园

无籽沙糖橘建园除了考虑交通、灌溉、土质、日照等条件外，山地果园应选向南、向东坡建园，避免在向北或向西坡及风口位置建园。

（2）连片隔离种植

无籽沙糖橘无籽的原因是自交不亲和，与有籽品种混种自然杂交，会产生种子。要保持无籽的性状，必须连片隔离种植。如与有籽品种种植，要保持一定的距离，防止自然杂交，才能保持无籽，有障碍物的要保持15米以上的距离，空旷地要保持300米以上的距离。

（3）加强保果，提高无籽果的比例

正常结果的无籽沙糖橘,绝大部分果实是无籽的,少数有种子的果,种子数1~4粒。如果不进行保果,让其自然结果,结果是无籽果实脱落,剩下的是为数很少的有籽果实,坐果率很低。加强保果工作,提高坐果率,也是防止无籽果脱落,提高了无籽果的比例。保果的主要药物是赤霉素(九二〇),效果显著。有些人认为,幼果期使用九二〇是抑制种子发育,产生无果实的原因,这是不了解无籽沙糖橘无籽的机理是自交不亲和。果实因无籽缺乏赤霉素,需要根外喷洒补充,才能防止落果,提高坐果率。喷洒低浓度的赤霉素,满足果实发育所需,是防止无籽果实脱落,而不能抑制种子发育,产生无籽果实。

(4)施有机肥

无籽沙糖橘畅销国内外,主要原因是外观好和品质极优。合理施肥,尤其是增施有机肥可提高果实可溶性固形物、果糖、还原糖和维生素 C 含量,减少果实纤维,增加果皮色素和光泽,防止缺素症等都有重要作用。有机肥施用量要占全年总施肥量的50%以上,才有利于果实外观和品质的提高。特别需要指出的是冬季结合改土施花生麸和8~9月结合放秋梢淋花生麸水,对提高果实品质效果最显著,果实外观更好。

(5)培养以结中型果为主的纯花枝和带叶花枝

纯花枝和带叶花枝易结球果,营养被分散到多个果生长发育,结中型果为主。相反,单顶花枝的果实,营养全部被一个果利用,易形成大果。生产上希望培养纯花枝和带叶花枝,减少或避免单顶花枝,以培养中型果为主的果实。纯花枝和带叶花枝的培养方法参照促花技术。

(6)慎用激素保果,防止粗皮、厚皮及"猪头皮果",保持果皮"起沙"

有的果园的果实皮薄"起沙",有的果园的果实皮厚"凹沙"。这与保果时使用激素的种类及浓度有关。

合理的保果激素是九二〇加叶面肥，其他激素只起辅助作用，不用为佳。多种激素混用反而使果皮变粗、变厚及导致"猪头皮"等副作用。

合理的使用浓度：1克九二〇加水 35～50 千克。

合理的使用方法：谢花 30 天喷第一次，40～50 千克水/克；隔 15 天喷第二次，35 千克水/克。

以上的浓度及方法，既能获得丰产，又能保持果实皮薄"起沙"。

（7）结果期间慎用伤果的农药及叶面肥

已知产生花皮、花果的农药：克螨特、机油乳剂、杀虫脒、杀虫双、某些叶面肥和冲施肥、某些杀梢药。

易使果实日灼的农药：机油乳剂、石硫合剂及胶体硫类。

（8）加强病虫防治 （防治方法参阅病虫防治章节）

预防黑皮果——防治锈壁虱。

预防煤烟病果——防治粉虱、蚜虫和介壳虫。

预防伤疤果——幼果期要防治跗线螨、金龟子、同型巴蜗牛和蓟马。

预防沙皮病果——幼果期防治树脂病。

预防缺硼性畸形果——保果期加喷 0.2％硼砂。

此外，还要防治炭疽病和介壳虫，防止果皮因病虫而影响外观。

尽量早放秋梢，秋梢叶片可遮挡阳光，减少高温期间果实日灼病。

（9）合理疏花、疏果，风口种防风林

结合放秋梢前的修剪，将树冠顶部的大果适量剪去，能放出符合质量和数量的秋梢（修剪方法及数量参照放秋梢技术）。弱花枝多的树，易结小果，可在花蕾露白时，剪去纤弱的花枝，以减少小果的数量。处于风口位置和向北坡的果园，种防风林挡风，减少果实摩擦免使果皮出现机械伤。同时能调节果园的小气

候，有利果树和果实的正常生长发育。山地果园，秋、冬季如遇干旱天气，每隔 10～15 天灌水 1 次，满足果实发育所需的水分，防止果实偏小。

（七）营养失调症及其防治

无籽沙糖橘同其他柑橘一样，需要各种营养元素。如果某种元素过剩或缺乏，就会引起在生理上的变化，并且在叶、枝、果、花、根等器官上表现不同症状，影响产量、果实品质、植株生长等。通过植株各器官表现出的不同症状来诊断营养的过剩或缺乏，这称为形态诊断。针对某些症状对症治疗，有助于纠正营养失调症。例如，植株生长壮旺，枝梢徒长，叶大而厚，叶色浓绿，只长枝叶难开花，就是氮素过剩，应控制氮肥施用。如果植株叶色黄而叶薄，枝梢生长细弱，抽梢能力差，树势衰弱，结果能力差，就可能是氮素缺乏，应增施氮肥。

营养诊断还要结合土壤情况、水分管理、病虫害及砧木种类等进行综合诊断。要防止因病理原因而引起的缺素症而误诊，如柑橘黄龙病会引起缺锌、锰、镁、硼等等各种综合症状，这些不可能因补充某些营养元素而得到治疗，以免失去了预防柑橘黄龙病的时机。

在植株已明显出现症状时，才采取矫治措施，这时植株已受到不同程度的伤害。要正确全面反映植株的营养状况，在形态上尚未出现症状前就能及时发现某些营养元素的不足或过多，较早地采取措施进行调整，更能减少损失，这就必须通过叶片分析为防治和施肥提供科学依据，见表 4-25。

（八）冻害的原因及预防措施

无籽沙糖橘主要分布在北回归线附近，属亚热带气候，雨量充沛，阳光充足，冬、春温暖。一般年份不会出现冻害。但有些年份因气候的变化也会出现冻害。如 1999 年冬的突然大幅度降温，2008

年初的持续长时间冷雨，造成无籽沙糖橘严重冻害。

表4-25　柑橘营养失调症状和防治方法

营养元素	缺乏症状	过剩症状	防治方法
氮	新叶黄,叶小而尖,老叶由黄绿变全叶黄化,叶薄,果皮光滑,果小,味淡,树势衰弱,新梢短而纤细,落花落果严重	叶色深绿,叶大而厚,枝梢徒长,树势过旺,不利花芽分化,易发生夏梢、冬梢	根据树龄、树势、叶色、产量、土壤状况、气候及施肥习惯等因素综合考虑。将氮肥施用量控制在适宜范围
磷	老叶暗绿色或古铜色,叶无光泽,花少,果皮粗,枝梢纤细,叶稀少,树冠矮小	果实皱皮,叶片出现缺锌、缺铁症状或失绿黄化。果小而硬	磷在酸性土壤中易被固定,降低有效性,适量施用石灰调节土壤酸性,与有机肥混合使用,可提高磷肥利用率。新梢期、花芽分化和果实发育期喷0.3%磷酸二氢钾
钾	老叶上部的叶尖和叶缘先开始黄化,并逐渐向下扩展,叶片皱缩,新梢短而纤细,果小,皮薄易裂果,抗旱、抗病力降低	在果园较少发生过剩症状。严重时老叶出现水渍状病斑或叶缘黄化的灼伤。易导致缺镁症状	对钾需求量较大,结果树需钾量与氮素相近,砂质土易缺钾,在谢花后及果实增大期需钾多,需及时施钾肥和喷磷酸二氢钾
钙	多表现在春梢新叶上,新叶上部叶缘叶尖发黄,叶片窄呈狭长畸形,早落叶,因而树冠上出现光秃枝和枯枝,坐果率低,易发生在春旱时候	抑制对镁、钾、磷、锰、锌、硼等吸收利用。叶片出现斑驳	柑橘需钙量大。土壤干旱、酸度大均致缺钙。要施石灰和有机肥,要防旱保湿,新梢期喷0.2%硝酸钙
镁	结果母枝和结果枝的叶片中脉两侧呈现肋骨状黄色区域,叶尖叶缘仍保持绿色,叶基部有一个倒三角形的绿色区,冬季落叶严重	镁过多,严重减弱根系生长,并使地上部叶片黄化,叶片边缘呈灼烧状	易发生在酸性土、砂质土上。丰产树易缺镁,施用钾肥过多也易出现缺镁。缺镁的树施钙镁磷肥(要与有机肥堆沤)或硫酸镁。在果实膨大期喷施1%硫酸镁2~3次

（续）

营养元素	缺乏症状	过剩症状	防治方法
锌	缺锌的典型症状是叶小、变硬，脉间黄化。果实变小，易落蕾、落花，退化花多，坐果率低	叶片灼伤，易落叶，枯梢	在酸性土、砂质土上易缺锌，嫩枝叶易吸收锌，用硫酸锌（0.1%～0.3%）喷嫩枝叶1～3次，可加等量石灰，减轻药害，要注意施有机肥
锰	叶片呈现绿色网状叶脉，叶片淡绿色或黄色，叶片大小正常	叶片上产生凹陷的棕褐色坏死斑点，叶片边缘发黄，叶脉间保持绿色	在酸性土中易淋失，在新梢转绿前喷0.1%～0.3%硫酸锰2次，隔10天1次，可加等量石灰
硼	幼叶出现透明水渍状斑点，叶畸形，成熟叶的主脉和侧脉增粗爆裂。幼果发僵，发黑，果心及内果皮层有褐色胶状物。芽的生长点连续枯死而形成丛芽	叶片前端出现黄色斑驳，叶尖、叶缘灼伤，叶背发生褐色树脂状的斑点或斑驳，形成不规则的斑块	硼的适宜范围很窄，用量必须注意。在酸性土中易淋失，施过量石灰或磷肥以及土壤干旱都影响硼的吸收。在萌芽期或花蕾期，小果期喷1～2次0.1%～0.2%硼砂
钼	成熟叶上出现椭圆形黄斑，叶背面斑点呈棕褐色，流胶，叶向内侧弯曲形成杯状，落叶严重	叶片上出现灰白色的不规则斑点，凋萎脱落	土壤酸度大易缺钼，施石灰调节土壤酸度，在幼果期喷0.01%～0.05%钼酸铵（不要在嫩梢期喷）

1. 发生冻害的主要原因

（1）短时间突然大幅降温，使橘树严重冻伤

广东云浮、肇庆、清远等无籽沙糖橘产区，1999年12月24日，当天最高气温达25℃，晚上一股特强冷空气南下，气温从25℃降至0℃以下，出现冰冻。无籽沙糖橘忍受不了突然几十摄氏度的温差，使地上部严重冻伤，枝叶干枯，有的甚至树皮爆裂枯死。

（2）霜冻使果实和叶片冻伤

低温寒潮过后，天气转晴，风和日丽，这种天气最易出现霜冻，轻霜对无籽沙糖橘影响不大，但重霜会冻伤果实和叶片。

（3）持续低温冷雨冻伤果实

根据我们的试验，无籽沙糖橘的果实在温度低于 $6℃$ 贮藏多天就会出现冻害。2008 年 1 月 25 日至 2 月 13 日，在广东无籽沙糖橘产区持续 20 天的气温在 $0～5℃$ 的低温阴雨，使果实严重冻伤，未采摘留在树上的果实几乎全部遭冻害。2010 年 1 月，在广东和广西的产区反复出现多次低温、冷雨天气，还未采摘的无籽沙糖橘受冻和感染青绿霉病达 $30\%～80\%$。

2. 预防冻害的主要措施

（1）熏烟

注意天气预报，在出现霜冻的清晨 5 时开始燃烧木屑熏烟，使烟雾在柑橘园上空盘绕，防止地面和树冠辐射降温而结霜。结霜时间一般出现在清晨 6 时左右，熏烟不宜过早，以免浪费材料。

（2）洗霜

太阳出来，霜溶解时（即解冻时）最易冻伤果实和叶片。在太阳出来前用机动喷雾将树上和果实表面的霜洗去，是既简便，效果又好的防冻方法。

（3）搭棚盖彩条布防霜

在紫金、东源等地的春甜橘，霜冻来临前在树上搭棚架，上面盖彩条布防霜和冷雨，霜冻过后及时除去彩条布，防霜、防冷雨效果好。但投资大，影响光合作用，对次年成花有一定影响。

（4）盖遮光网挡霜

霜冻来临前，在树冠上盖遮光网挡霜，霜冻过后及时揭去遮光网，是一个简易的防霜措施。

（5）喷药增强抗寒力

喷多效唑能提高橘树的抗寒力。可在低温来临前 15 天喷多效唑（50 千克水＋15％的多效唑 0.2 千克），共喷 1～2 次。

（6）盖薄膜防寒

拱架盖膜防寒：广西阳朔县的金橘用此法防寒，可有效地减少低温、雨水所造成的裂果、落果，可供参考。方法：11 月在低温来临前，在株间立柱用倒 U 字形盖膜。在行间沿树两边立柱，然后用竹片或其他材料做拱架，在拱架两边的立柱上盖膜，整个棚架像倒 U 字形。双行倒 U 字形，即两行一棚，沿树每隔 1 行立 1 排柱子，拱架一般用较硬的金属材料，类似标准的大棚。

树冠盖膜防寒：2010 年 1 月广东产区反复出现低温、多雨天气，果农在下雨前，在树冠上盖透明塑料薄膜，有的单株覆盖，有的成行覆盖。只盖树冠上部，中下部通风，能挡雨，防冻效果好，烂果只 5％ 左右，没有盖膜的树烂果达 50％～80％。

3. 冻害后的管理工作

（1）及时做好清园工作

清园工作最好赶在春梢及花蕾出现前清理完毕。主要工作是清理受伤的果实和枝条、喷药及涂白防病等。

①及时清理树上及地下的果实。受冻害的果实有机质丰富及富含有柑橘生长的各种元素，最好充分利用，就地开深 40～50 厘米的穴，每 50 千克施 1～1.5 千克石灰，石灰与烂果混合后穴埋，是很好的有机肥。

②及时修剪。修剪对象是结果枝、交叉枝、纤弱枝、重叠枝、冻伤的枝条和病虫枝。

③及时喷药。主要清除树上残留的虫害及预防病害，选用病虫兼治或防病、除虫的药混合使用。下面的配方，供大家参考使

用（注：已出春梢和现蕾的树勿用），喷 1 次即行。50 千克水加如下药物：

95％机油乳剂	150 毫升
50％代森铵	150 毫升
40％乐果	75 毫升
碳酸铵	1～1.5 千克
5％尼索朗	50 毫升（或克螨特 1 000～1 500 倍液）

④及时防冻、防病。个别受冻严重的果园，可能冻伤树皮，炭疽病、树脂病、疫霉病等病原菌容易乘虚而入，要及时涂白防病，可用石灰水加石硫合剂涂白树干及主枝。

（2）及时恢复树势

经过大量结果和冻害的影响，树体本来很虚弱，接着又大量开花及生长春梢，消耗大量养分，及时施肥及叶面补充营养非常必要。

①及时施肥。冬去春来，许多树上留果保鲜的果园还未来得及收完果，更谈不上施冬肥补充营养，所以这次肥，既是冬肥又是春肥，施肥的原则是有机、无机结合。以估计能结 50 千克果的树计算：施有机肥 10～15 千克（鸡、猪、牛粪），花生麸 1～2 千克，优质复合肥 1～1.5 千克，磷肥 1 千克，钾肥 0.25 千克。

②叶面肥。叶面肥是根际施肥的补充。优点是吸收快、利用率高，能短时间补充树体缺乏的营养。市面上叶面肥品牌很多，大家按经验选择使用。以下配方仅供参考：氨基酸糖磷脂 800 倍液＋0.5％尿素＋0.2％磷酸二氢钾。

（九）修剪及高接换种

1. 修剪

无籽沙糖橘经过多年的生长结果后，随着树冠的扩大，树冠内的枝条密集而变弱，通风透光性差，果实变小，内膛果味偏酸。植株封行后，树冠互相交叉郁闭，光照和通风条件更差，植株由立体结果变为平面结果，产量下降，管理困难。通过修剪有助于解决上述问题，改善果园的通风透光，恢复立体结果，达到丰产、稳产、优质和延长果树寿命的目的。无籽沙糖橘的内膛枝结果能力很强，徒长枝处理得好易结中型球果，在修剪中要充分利用这两种枝条。

（1）冬季修剪

无籽沙糖橘内膛枝结果能力强，内膛结果约占全树结果量30％～50％。据我们的观察，内膛枝条中，直径2毫米以上的当年生的新枝和3毫米以上叶片正常的旧枝，都有很强的结果能力，是很好的结果母枝，要充分利用好这些枝条，才能丰产、稳产。这与果农说的"无籽沙糖橘的枝条只要有叶就有果"是一致的。所以，修剪时对这些内膛枝不能随意剪除，尽量留作结果母枝。冬季修剪在采果后至春芽萌动前进行，主要剪去枯枝、无叶的弱枝、重叠枝、衰退枝和病虫枝。

（2）夏季修剪

夏季修剪的目的是及时促吐健壮优良的秋梢结果母枝。

修剪的对象是经过人工摘梢、杀梢素杀梢、结果多年营养生长趋弱或结果过多难放秋梢的树（修剪方法参阅秋梢的培养章节）。

（3）封行果园的修剪

沙糖橘封行后，由于通风透光差，由立体结果转为平面结果，产量大幅下降，品质变差。对于封行的果园可采用两种方法。第一种方法是隔株间伐或移植，改变通风透光条件，间伐当年植株恢复立体结果，产量逐年攀升，一级果比例远高于未间伐的树（表4-26）。

如果条件允许，把需要间伐的树移到另地种植，大树移植第二年即可结果，第三年丰产，比种苗快2～3年。被移植的树先进

表 4 - 26　无籽沙糖橘间伐与对照的结果比较

处理	处理面积（667 米²）	间伐后年限（年）	树冠大小（米）	平均株产（千克）	总产量（千克）	平均 667 米² 产量（千克）	一级比例（%）	比对照增产（%）
间伐	10	1（2005）	3×3.5	65	29 250	2 925	75	6.0
		2（2006）	3×4.0	75	33 750	3 375	80	45.8
		3（2007）	3×4.5	92	41 400	4 140	82	102.2
对照	10	2005	3×2.5	31	27 590	2 759	55	
		2006	3×2.5	26	23 140	2 314	50	
		2007	3×2.5	23	20 470	2 047	50	

注：对照树每 667 米² 89 株，每 667 米² 间伐后变 45 株。地点：德庆市马圩镇。

行重修剪，修剪部位在第三至第四级分枝处短截，保留直径 2 厘米以上的枝条，小于 2 厘米的枝条从基部剪去。开大穴，施充分腐熟的有机肥后再移栽。间伐或移植的时间最适宜在 1 月底 2 月初春芽萌动前进行。

第二种方法是隔行交替重修剪，第一年隔株修剪，第二年修剪留下的 50% 的树。修剪方法与上面大树移植的修剪方法相同，当年能长新梢 5 次，可恢复原树冠的 60%～70%。第二年可恢复结果，第三年进入丰产期。

（4）徒长枝的修剪和利用　参阅"控冬梢促花"中的徒长枝拗枝促花。

2. 高接换种

无籽沙糖橘因为早结丰产，品质优良，经济效益高，近年来迅速发展成为广东的主栽品种。而效益低的其他品种也纷纷高接换种成为无籽沙糖橘。高接换种树冠恢复快，第二年即可投产，第三年开始丰产，比种苗快 2～3 年，同时又利用原来的资源，一举两得。

（1）嫁接方法

采用双芽切接法，即每个接穗选 2 个充实饱满的芽，每两个芽切成枝段，用切接方法嫁接在中间砧的顶部。这种方法由于中间砧及接穗的养分充足，嫁接后出芽快，新梢生长快，形成树冠快。

（2）换种时间

最适宜的时间是 1～2 月份，此期树体养分积累最高，嫁接成活率高，嫁接后新梢长得快，放梢次数多，形成树冠快。

（3）嫁接部位

嫁接部位直接影响嫁接成活率、新梢生长及树冠形成的速度。嫁接部位过低，中间砧过老，成活率低；嫁接部位过高，枝条小，养分分散，嫁接后新梢生长慢，树冠恢复慢。

合理的嫁接部位：1～2 年生的树，高接在第一级分枝上；3 年生的树高接在第二级分枝上；4 年生的树高接在第三级分枝上；5 年生以上的树高接在第四级分枝上。高接枝条的大小：1～2 年生选直径 1.5～2 厘米；3 年生以上选直径 2～3 厘米为宜；小于 2 厘米的枝条不要嫁接，从基部剪除。十几二十年生的大树由于枝条老化，高接成活率低，对这种树要先于 1 月份进行重修剪。修剪高度离地面约 1.5 米，将上部枝全部剪去，保留 3 厘米以上的大枝，小于 3 厘米的枝从基部剪去。修剪后大枝萌芽众多，每条大枝留 3 条新梢，让其长二次梢老熟后，可在 6 月份在新梢上嫁接。6 月份是高温季节，中间砧经过几次新梢的生长，养分消耗不少，嫁接时切勿将叶片剪光，要在新梢上保留 6～8 片健壮的新叶，在带叶的新梢上嫁接，"以叶养树"这样嫁接成活率高，新梢生长快。

（4）后期管理

①及时摘除中间砧的芽。嫁接后半年内，由于嫁接品种未形成树冠，中间砧养分多而没有去路，只能不断地在自身枝上大量

萌芽，如果不及时摘除，会影响高接的成活率及新梢的生长。中间砧的萌芽要 5～7 天摘一次。

②短截放梢。高接后，由于接穗营养充足，第一次出梢时有的芽会萌发 2 条以上的新梢，可保留健壮的 1 条作主枝，其余摘除。待主枝老熟后，留 8～10 片叶短截，新梢萌发至 5 厘米左右，选留 3 条健壮的作为第一级分枝。以后长的新梢不要等老熟，可在叶片转绿后留 8～10 片叶短截，每级枝留 2～3 条新梢，这样可加快放梢次数，加快树冠形成。

③护梢。高接当年，由于嫁接口与中间砧未能充分愈合，遇风或大雨，容易在嫁接口处断裂。第一次新梢老熟后，用竹片在新梢的上端和中间砧之间两头用绳绑扎护梢，防止风雨使新梢断裂。

④病虫防治。新梢期的主要害虫有潜叶蛾、蚜虫、粉虱及红蜘蛛等，防治方法参阅病虫防治部分。

（十）经济高效的水肥管理技术

要使一株柑橘树健康生长，必须满足其对光照、温度、空气、水分和养分的基本要求。在自然条件下，光照、温度、空气都是人为很难调控的因素。而水、肥两个生长要素则是人为可以调控的。科学合理的水肥管理是柑橘园丰产、优质的重要保证。

我国的柑橘园绝大部分种植在丘陵山地、坡地。缺乏灌溉设施和水源，是柑橘遭受水分胁迫的重要原因。天旱时无法灌溉，果实发育和枝梢生长期得不到合理的水分供应。缺水后导致植株生长慢，果实小，品质差，产量低，效益差。现在越来越多的果农认识到果园灌溉的重要性，已开始建立灌溉系统，特别是管道灌溉。许多果园在果园道路旁安装塑料输水管道，在输水管道上按一定间距设置取水口。然后在取水口接塑料软管，由人工拖动进行淋水。对平地果园而言，通常用电力驱动水泵或柴油机、汽油机水泵直接将井水或沟渠水泵入输水管道。对山地果园而言，很多果园在山顶或高处建立蓄水池，然后从山脚抽水入水池。水池水通过自压进入输水管道。

由于果园立地条件差，加上绝大部分种植者缺乏科学的施肥知识，果园养分不平衡和缺乏现象非常普遍。根据作者多年的田间调查，华南地区大部分柑橘园存在土壤偏酸，有机质缺乏，土壤通气性差，普遍存在缺乏氮、磷、钾、镁、硼、锌等营养问题。部分土壤存在诱导性元素缺乏。如土壤偏施铵态氮肥或钾肥过多，造成镁的吸收不足，成熟叶缺镁症状普遍出现。

很多种植户有良好的灌溉条件，也施用了足够的肥料，但果树的生长和品质并未显著改善，有些甚至出现相反的结果，如肥料"烧"根，枝梢徒长，果实糖分不足等。出现这些问题的原因主要是施肥不合理造成。灌溉和施肥分开进行，大量肥料未被根系吸收，导致养分利用效率低。如果将灌溉和施肥结合起来，同时进行，就可以促进根系吸收养分，提高肥料的利用率，减少肥料用量。也不会产生肥料"烧"根的问题。将灌溉和施肥结合进行也称为"水肥一体化"，简单说，就是将肥料（含有机液体肥）溶解在水里，再浇施、淋施或通过滴灌等节水灌溉管道施肥，所以称为"管道施肥"。

为什么要将施肥和灌溉结合起来？肥料要到达根系表面才能被根吸收。肥料移动到根系表面主要靠水的流动，肥料溶解后变为离子态存在于土壤溶液内，根系在吸收水分的同时吸收养分。养分离子移动到根表主要是质流和扩散两个过程，而这两个过程是依赖水来完成的。传统的办法将灌溉和施肥分开来操作，实际是水肥分开管理，造成很多肥料不能溶解于水，故不能被根系吸收，浪费了肥料。

最简单的水肥一体化管理就是将肥料溶解后浇施或淋施果树根部。现在劳力成本越来越高，对规模化经营的果园，劳力成本是生产成本的重要组成。对面积较大的柑橘园，建立灌溉设施，是保证果园合理水分管理的重要措施。有了灌溉设施，可以节省水源，显著提高灌溉效率，保证果树生长对水分的需要。

管道灌溉系统就是在柑橘园中安装管道灌溉设施。常用的有微喷灌和滴灌。当采用微喷灌时，通常每株树冠下安装一个微喷头，流量每小时 100～500 升，喷洒半径 3～5 米。当采用滴灌时，通常每行树拉一条滴灌管，滴头间距 60～80 厘米，流量 2～3 升/小时。不管是微喷灌，还是滴灌，都需要一个首部加压系统，通常包括水泵、过滤器、压力表、空气阀、施肥装置等。过滤器是关键设备，微喷灌一般用 60～80 目过滤器，滴灌用 100～120 目过滤器。过滤器以叠片过滤器效果最好，适合华南地区大部分水质条件。

滴灌可以大幅度提高灌溉效率和水分利用率。一般一个人一天可以负责数公顷至数十公顷的灌溉任务，水分利用率可以达到 95% 以上。均衡及时的水分供应是新梢花序抽生、果实发育的重要条件。良好的设施灌溉是对付干旱天气的有效手段。在果实发育期一直保持土壤均衡的水分供应，可以减少裂果，果实大小均匀，增加大果率。沙糖橘一般 0.5 千克约 14 个果。提前一周采收。

果园如安装了灌溉设备只用于灌溉那就浪费了设备功能的一半。灌溉设备的另一半功能就是用来施肥。根据植物营养学的基本常识，所有肥料都要溶解于水后才能被植物根系吸收。而将肥料溶解于灌溉水由微喷头和滴头带到根部正好符合植物营养的基本常识。通过灌溉系统施肥效率很高，施肥又均匀，通常可以节省 50% 以上的肥料。

从简单、经济、实用、耐用的角度考虑，柑橘园采用的灌溉施肥方式通常有两种。一种叫重力自压施肥方式。在应用重力滴灌或微喷灌的场合，可以采用重力自压式施肥法（图 4-1）。在南方丘陵山地果园，通常引用高处的山泉水或将山脚水源泵至高处的蓄水池。通常在水池旁边高于水池液面处建立一个敞口式混肥池，池大小 0.5～2.0 米³，可以是方形或圆形，方便搅拌溶解肥料即可。池底安装肥液流出的管道，出口处安装 PVC 球阀，此管道与蓄水池出水管连接。池内用 20～30 厘

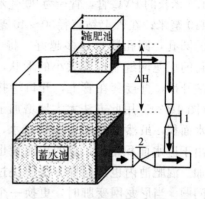

图 4-1 自压灌溉施肥示意图

米长大管径管（如 75 毫米或 90 毫米 PVC 管），管入口用 100～120 目尼龙网包扎。施肥时先计算好每轮灌区需要的肥料总量，倒入混肥池，加水溶解，或溶解好直接倒入。打开主管道的阀门，开始灌溉。然后打开混肥池的管道，肥液即被主管道的水流稀释带入灌溉系统。通过调节球阀的开关位置，可以控制施肥速度。当蓄水池的液位变化不大时（南方一些地区一边滴灌，一边抽水至水池），施肥的速度可以相当稳定，保持恒定的养分浓度。施肥结束时，需继续灌溉一段时间，冲洗管道。通常混肥池用水泥建造坚固耐用，造价低。也可直接用塑料桶作混肥用。有些用户直接将肥料倒入蓄水池，灌溉时将整池水放干净。由于蓄水池通常体积很大，要彻底放干水很不容易，会残留一些肥液在池中。加上池壁清洗困难，也有养分附着。当重新蓄水时，极易滋生藻类青苔等低等植物，堵塞过滤设备。应用重力自压式灌溉施肥，一定要将混肥池和蓄水池分开，二者不可共用。

利用自重力施肥由于水压很小（通常在 3 米以内），用常规的过滤方式（如叠片过滤器或筛网过滤器）会由于过滤器的堵水作用，往往使灌溉施肥过程无法进行。笔者在重力滴灌系统中用下面的方法解决过滤问题。在蓄水池内出水口处连接一段 1～

1.5 米长的 PVC 管，管径为 90 毫米或 110 毫米；在管上钻直径30～40 毫米的圆孔，圆孔数量越多越好，将 120 目的尼龙网缝制成管大小的形状，一端开口，直接套在管上，开口端扎紧（图 4 - 2）。用此方法大大地增加了进水面积，虽然尼龙网也照样堵水，但由于进水面积增加，总的出流量也增加。混肥池内也用同样方法解决过滤问题。当尼龙网变脏时，更换一个新网或洗净后再用。经几年的生产应用，效果很好。由于尼龙网成本低廉，容易购买，用户容易接受和采用。

图 4 - 2　自制的过滤器

　　另一种简单经济实用耐用的施肥方法叫泵吸肥法（图 4 - 3）。主要用于泵加压的灌溉系统。水泵一边吸水一边吸肥。泵吸肥法是利用离心泵吸水管内形成的负压，将肥料溶液吸入系统，适合于几十公顷以内面积的施肥。为防止肥料溶液倒流入水池而污染水源，可在吸水管后面安装逆止阀。通常在吸肥管的入口包上 100～120 目滤网（不锈钢或尼龙），防止杂质进入管道。该法的

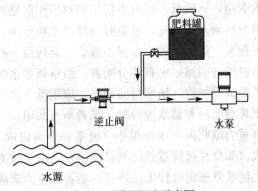

图 4 - 3　泵吸肥法示意图

优点是不需外加动力，结构简单，操作方便，可用敞口容器盛肥料溶液。施肥时通过调节肥液管上阀门，可以控制施肥速度。缺点是施肥时要有人照看，当肥液快完时立即关闭吸肥管上的阀门，否则会吸入空气，影响泵的运行。

在无电力的地方，既想搞管道灌溉，又想通过管道施肥，最适宜的办法就是用移动灌溉施肥机。它采用柴油或汽油机水泵加压，利用泵吸肥法的原理，将过滤器、施肥桶、空气阀等与柴油或汽油机水泵组装在一起。完成灌溉和施肥任务后，可以搬回室内储放。

自压重力施肥法和泵吸肥法适合在柑橘园大面积推广，使用非常方便，且能做到精确施肥。应用这两种办法施肥，要求肥料有较好的水溶性。常用的肥料有尿素、硝酸钾、硫酸铵、硝酸钙、氯化钾、硫酸镁等。市场上销售的作为复合肥使用的磷酸一铵和二铵，外观为颗粒状。其中含有造粒用的黏结物质，它们在水中不溶解，不宜作为灌溉施肥原料。如果要用，要先将肥料在大桶内溶解，利用上面的澄清液。用于灌溉系统施用的磷酸一铵和磷酸二铵为白色晶体，可直接作灌溉用肥料。氯化钾仅指白色粉状氯化钾，主要用于做复合肥的钾原料，如约旦、以色列、俄罗斯和中国产氯化钾。加拿大产红色氯化钾因含有铁质等不溶物，不宜直接用于灌溉施肥。

适于灌溉用的氮肥和钾肥在市场上容易买到，但磷肥的情况比较特殊。在华南地区水的硬度较低，通过微灌系统施磷肥而起的化学沉淀导致滴水器堵塞的现象大幅减少。但是，由于磷在土壤中的难移动性，通过滴灌滴入的磷肥主要积聚在滴头附近范围，由于果树根系分布范围较广，根系吸收磷可能比氮、钾效率低。目前适合微灌的磷肥在市场上不易买到。磷酸呈强烈腐蚀性，使用存在安全问题。磷酸二氢钾价格昂贵，主要作叶面肥使用。磷酸一铵和二铵市场上主要是肥料级，灌溉专用的也难于买到。鉴于这些情况，通常在果园建议通过土壤施用磷肥，可以在果树定植或改良土壤时与有机肥一同施用。

通常化肥通过灌溉系统用，磷肥和有机肥做基肥用，微量元素用叶面肥补充。通过灌溉系统的施肥原则为"总量减半，少量多次，养分平衡"。对于第一次用灌溉系统施肥的用户，化肥用量在往年的基础上减一半，减半后的用量少量多次施用，一般"一梢三肥"，果实发育期每10天1次。

柑橘吸收的大部分养分都在果实中，每667米²3.5吨的柑橘产量，要带走氮4.0～6.5千克，磷0.6～1.0千克，钾5.0～8.5千克。这是计算施肥量的基础。土壤本身的养分含量及养分的利用率也必须考虑。总之，对于大型的柑橘种植园，定期进行土壤分析很有必要。对叶片进行营养诊断，也是判断树体营养状况的好方法。

研究表明，有果枝氮的吸收高峰在5月，营养枝吸收高峰在6月和9月，果实的吸收高峰在8月份。就全树来讲，以7月为中心，5～8月是氮吸收最多的时期，10月份再出现一个吸收高峰。磷的吸收从6月份开始增加，到7月达到高峰，但吸收量显著低于氮。钾6月份开始增加，7～8月果实对钾的吸收达到高峰，8～10月出现更大的高峰。

根据目标产量计算总施肥量，施肥分配主要根据其吸收规律来定。在具体的施肥安排上还要分幼年树、初结果树和成年结果树的不同要求。磷肥一般建议基施。对幼年树而言，全年每株建议施肥0.2千克氮和0.1千克钾，配合施用沤腐的粪水。初结果树每株全年参考肥量为氮0.4～0.5千克，磷0.1～0.15千克，钾0.5～0.6千克，配合有机肥10～20千克。其中秋梢肥占40%～50%，春梢肥占20%～25%，基肥占25%～40%。成年结果树已进入全面结果时期，营养生长与开花结果达到相对平衡，调节好营养生长与开花结果的关系，适时适量施肥，是十分重要的生产措施。一株成年树大致的施肥量为氮1.2～1.5千克，磷0.3～0.35千克，钾1.5～2.0千克。其主要分配在花芽分化期、坐果期、秋梢及果实发育期、采果前和采果后。用微灌施肥法进行 10 次左右施肥。所用肥料为溶解性好的尿素、氯化钾、硝酸钾、沤腐过滤后的有机液体肥（如鸡粪、人粪尿等）、冲施肥等。叶面肥在柑橘园比较常用，主要解决微量元素缺乏问题。

由于各地的土壤、气候、栽培品种存在差异，因此不可能对所有柑橘种植地区推荐同一种施肥方法。因此，要根据果园土壤、品种等制定自己的施肥方案。在以色列，柑橘施肥量是根据叶分析数值来确定的。如叶片氮高量时，每 667 米^2 施氮 6.5 千克，中量为 8～12 千克，低量为 14 千克。一般使用硫铵或液体硝铵肥料，在 2、3 月或 4 月份 1 次施用。平时柑橘很少施磷，当叶分析值很低时，在雨季前（12 月和 1 月份）施用过磷酸钙，用量为每 667 米^{2}18～33 千克。钾是影响果实品质的元素，柑橘的皱皮与缺钾有关，必须施钾肥来防止果皮起皱。是否要施钾仍由叶分析确定。钾的施用部分通过微喷或滴灌系统，部分在雨季到来前土壤表面撒施。灌溉系统的常用肥为硫铵、液体硝铵、液体磷铵、硝酸钾和氯化钾等。旁通施肥罐和文丘里施肥器是常用施肥器具。液体肥料通常装在 500 升或 1 000 升的黑色塑料桶内。当肥料用完后，由肥料公司将空桶拉走而更换装满液体肥料的新桶。除了雨季前土壤撒施的肥料外，从春季开花到采果前两个月一直进行灌溉施肥。以钾肥为例，根据叶片分析结果，钾肥用量在每 667 米^{2}6.0～16 千克钾，其中 30％在雨季土壤施用，其余 70％分成等量的 6～12 份，在 4～8 月通过灌溉施肥施用。

而对于无籽沙糖橘来说，通常生产 1 吨无籽沙糖橘要带走氮约 1.6 千克，磷 0.24 千克，钾 2.5 千克，钙 0.6 千克，镁 0.18 千克。每 667 米^2 成龄柑橘园营养体需要的养分量为氮 25 千克，磷 4 千克，钾 7 千克，钙 13 千克，镁 3.5 千克。滴灌时养分利用率通常为氮 80％～90％，磷 50％～60％，钾 80％～90％（表 4-27）。

表4-27 沙糖橘不同产量水平下的推荐施肥量

每667米²产量（千克）	每667米²养分需求量（千克）				
	氮	磷	钾	钙	镁
2 500	20	5	25	15	5
3 500	23	6	30	16	6
4 500	26	7	35	17	7

表4-28 每667米²沙糖橘滴灌施肥标准

养分	千克	折成肥料	千克	千克/株
氮	23	尿素	50	0.5
磷	6	过磷酸钙	50	0.5
钾	30	氯化钾	50	0.5
镁	6	硫酸镁	40	0.4
钙	16	硝酸钙	30	0.3

注：表中数据是以每667米²3 500千克产量计算出的施肥量；每667米²约100株，以氯化钾为钾肥来源。

钾肥可以采用氯化钾，也可以用硝酸钾（表4-28，表4-29）。当用硝酸钾时，尿素用量要减少1/3。

表4-29 每667米²沙糖橘滴灌施肥标准

养分	千克	折成肥料	千克	千克/株
氮	23	尿素	35	0.35
磷	6	过磷酸钙	50	0.5
钾	30	硝酸钾	65	0.65
镁	6	硫酸镁	40	0.4
钙	16	硝酸钙	30	0.3

注：表中数据是以每667米²3 500千克产量计算出的施肥量；每667米²约100株，以硝酸钾为钾肥来源。

表4-27、表4-28、表4-29肥料中，过磷酸钙全部做基肥用，可以与有机肥混合堆沤后扩穴改土用。也可以在采果后直接撒在滴灌管下。硫酸镁可以在每次放梢前与氮肥一起施，一年4

次，每次每株 0.1 千克。硝酸钙主要在果实发育期间施，自坐果后至采果前一个月分 6 次施入，每次每株 0.05 千克。每放一次梢施 3 次尿素，即"一梢三肥"。当采用氯化钾时，0.5 千克尿素分 10 次施入。氯化钾在果实发育阶段施，分 7 次施，每次每株 0.075 千克。当采用硝酸钾时，尿素仍然分 10 次施，硝酸钾在果实发育阶段施，分 7 次施，每次 0.1 千克。施肥时，尿素可以与硫酸镁、氯化钾、硝酸钾、硝酸钙一起施。但硫酸镁不能和钾肥混合后一起施。可以先施硫酸镁后施钾肥。

每次喷药时，配合喷叶面肥，解决微量元素的问题。当有机肥充足时，上面肥料用量可以减少使用。

水分管理就是一直保持土壤的湿润状态。一个滴头每小时出水 2.3 千克。一棵树安排 4 个滴头，滴 1 小时 9.2 千克水，2 小时 18.4 千克，3 小时 27.6 千克，4 小时 36.8 千克。如滴 4 小时，深层土壤可以储存很多水，根系下扎。可以 10～15 天灌 1 次。建议滴灌后挖开滴头下的土壤，用手抓捏可知土壤湿度。

对新定植的树，争取"一梢三肥"。肥料用量为成龄树的 1/5～1/4。肥料种类不变。关键原则是"少量多次"。

滴灌可根据作物需水量和根系分布进行最精确的供水。它的压力比喷灌小，较容易与不同水平的自动控制结合，所以它非常适于灌溉施肥。滴灌不受风的影响，而且一天的任何时候都可以进行。滴灌只湿润部分土壤表面，所以可防止杂草生长。滴灌不湿润作物叶片，可减少叶片病害的传染和传播速度以及叶片烧伤。因此，滴灌施肥是山地柑橘园最佳的水肥管理措施。

柑橘园的滴灌施肥是目前最好的水肥管理模式。但要发挥这种施肥和灌溉方式的最佳效果，必须遵照下面的操作要求，否则设备将发挥不了作用。许多应用滴灌系统失败的原因就是未按合理的操作规程进行。

①滴灌系统最佳工作压力为 8～15 米水压（1 米水压＝10 千帕）。滴灌管铺设长度 100～150 米。

②水源用 120 目叠片式过滤器过滤。过滤器要定期清洗。当过滤器两端压力表读数差达 0.05 兆帕时就要清洗过滤器。滴灌管尾端定期打开冲洗，一般 1 月 1 次。

③对一般土壤来讲，即使最干的时候，每次滴灌的时间不要超过 5 小时，否则浪费水电。滴灌间隔 5～15 天（根据土壤湿度而定）。主要是维持土壤处于湿润状态。微喷灌约半小时。

④施肥前，先计算每个轮灌区的株数，按当次每株施肥的数量计算每个轮灌区的施肥总量，准备好肥料。

⑤施肥前，先打开要施肥区肥料池的开关，开始滴灌。然后在肥料池溶解肥料。滴灌 20 分钟后开始施肥。每个区的施肥时间 30～60 分钟。施肥时间可以通过肥料池的开关控制。

⑥滴完肥后，不能立即关闭滴灌，还要至少滴半小时清水，将管道中的肥液完全排出。否则，肥液积聚在滴头处，容易滋生藻类、青苔、微生物等，造成滴头堵塞（这非常重要，也是滴灌成功的关键）。

⑦一定要用溶解性好的肥料，如尿素、硝酸钾、硝酸铵、氯化钾、硝酸钙（不能用加拿大红钾，只能用俄罗斯、以色列或约旦产白色氯化钾）、硫酸镁、水溶性复合肥。各种颗粒复合肥不能用，里面有杂质。硫酸钾溶解性慢，要先溶解后再用。磷肥一般不通过滴灌系统用，常用过磷酸钙做基肥施用，也可用水溶性的磷铵滴灌用。注意硫酸镁不能和硝酸钾或氯化钾或硝酸钙同时使用，否则会出现沉淀。

⑧对第一次使用滴灌的用户，施肥量在往年的基础上减一半（如往年用 100 千克尿素，用滴灌则改为 50 千克，甚至更少）。然后用"少量多次"的方法将肥料施下。

⑨各种有机肥一定要沤腐后将澄清液体过滤后放入滴灌系统。过滤的尼龙网为 80 目或 100 目。最好用纯鸡粪、羊粪、人粪尿等。

⑩微量元素肥料（如硼、锌、铜、钼）可通过滴灌系统施

用，建议用水溶性硼和螯合态微量元素。

⑪经常观察叶片的长度、厚度、光泽、大小。颜色浓绿、叶厚、叶大，且有光泽的，表示营养充足，不需施肥。否则考虑施肥。

⑫经常田间检查是否有漏水、断管、裂管等现象，及时维护系统。

（十一）采收与贮运保鲜技术

1. 采收

（1）采收时间

无籽沙糖橘是迟熟品种，成熟期在 12 月中旬至元旦。但由于树势、砧木、水分及立地条件不同，果实成熟期有差异。山地比水田早熟，树势弱的比树势旺的早熟，红檬檬砧比酸橘砧早熟，土壤干旱的比湿润的早熟，低纬度地区比高纬度地区早熟。因此，采收时间应根据成熟度及市场等因素综合考虑决定。作为鲜果销售，应该在果实品质最佳的元旦前后采收。用做贮藏的果实，应在成熟度八九成时 12 月上旬左右采收。

（2）采收方法

①贮藏用果的采收。贮藏用果必须平蒂采收，"一果两剪"，第一剪带果柄 1~2 厘米剪断，第二剪平果蒂，把果柄剪去。采收过程要轻拿轻放，采下的果先放进采果筐，等果达到一定量时，把果子轻轻倒进箩筐中。采收人员戴上手套，采果时由下而上，由外到内。采收后的果实要放在阴凉处，不能日晒雨淋。采收时进行初选，挑出病虫、畸形、过小、过大和机械伤的果实。合格的果送至包装地点进一步分选，浸药保鲜，入库贮藏。采摘时切勿"一树光"（即 1 次采完树上的果），要分 2~3 次采收，以免树体水分不平衡，叶片失水脱落。采收前不要灌水或淋水，如果下雨应停止采收。果实成熟度八九成时采收最适宜。

②带叶采收。近年来鲜果市场上由平蒂果改为带叶上市，给消费者一种新鲜感，增强购买欲，是提高竞争力、开拓市场的有效措施。但带叶果因留有果柄，搬运过程中容易刺伤果皮，果实容易发霉腐烂，叶片也只能保留5～7天，脱落后反而降低商品价值。带叶采收的方法：1）每果留叶2～3片；2）采收时及时剔除黑皮果、畸形果、烂果和青皮果；3）采收当天进行分级，把中型果、小型果、大型果和次果分级，立即用塑料薄膜袋包装保湿，叶片在常温中可保持5～7天不脱落；4）雾天、雨天切勿采收，否则，带叶果的叶片只能保留2～3天，果实容易腐烂，品质下降。

③应节采收。把本应在元旦前后采收的果，延迟到春节上市，满足春节期间鲜果的大量需求，果价提高几成甚至上倍。但也存在着较大的风险：1）果实留树时间长，消耗了养分，影响花芽分化，容易出现大小年结果；2）果实出现过熟的不良症状：松皮、果肉离壳、退糖、品质下降、有异味、容易感病腐烂、不耐贮运等。3）如遇低温、冷雨和霜冻，容易冻伤果实。如2008年1月底至2月初长达十多天的低温、冷雨，使广东树上留果准备春节上市的大约3.3万公顷沙糖橘果实全部冻伤，损失达数十亿元人民币；4）市场风险大，纵观近年留果应节的市场动态，春节期间市场需求量比平时成倍增长，购销两旺，收购价、批发价和销售价一天涨一次，越临近春节涨价越大。但在这个巨大的市场背后也存在着巨大的风险。如广东产的鲜果30%在广东销售，70%销往全国市场，春节期间鲜果是否畅销还要看天气的好坏。如果遇到大雪和冻雨天气，外运的通道阻塞，果实不能外运，只能滞留在本地而出现滞销，价格大幅下滑。如2006年和2008年春节前后，广东以北出现长时间大面积的降雪，道路结冰，北上南下的交通中断，留树的果不能北上，只能在本地低价贱卖。

果实留树期间的管理措施：1）留树的果实因过熟，果皮衰老，易感青、绿霉病，在这期间视留树时间的长短，要每 10～15 天喷 1 次药防病，可用代森锰锌 800 倍液，或多菌灵800～1 000倍液或咪鲜胺 700 倍液；2）保持土壤湿润。土壤水分过少，促进果实过熟衰老；湿润的土壤可维持果实正常生理功能，延缓衰老，延长留树时间；3）防止果实冻害。留果期间，是低温霜冻频发期，易发生果实冻害。预防冻霜的措施参阅冻害的原因及预防措施。

果实留树的一些错误措施：1）留树期间不宜施肥，否则果皮容易返青；2）留树时使用九二〇使果皮着色差，产生粒状"绿豆青"或浅蛋黄色，影响卖相；抑制花芽分化，影响次年的花量及产量。

2. 贮运保鲜技术

（1）贮运特性

柑橘类果实属典型的非呼吸高峰型果实，通常被认为是较耐藏的果品。实际上由于种类和品种的不同，柑橘类果实的耐藏性差异很大。如柠檬的贮藏期长达 6～8 个月，甜橙和柚类果实的贮藏期也可达 4～6 个月。由于沙糖橘果实皮薄松软，皮肉易剥离，易产生机械损伤，再加上沙糖橘含糖、含水量高的特点，因而在采后处理及贮运过程中容易失水，并感染病害腐烂，在短短的一二周内即可造成严重损失。由此可见，沙糖橘果实的耐藏性较差。

（2）贮运病害

沙糖橘的贮运病害主要是青、绿霉病。绿霉病发展较快，7天内全果腐烂，青霉病 14 天才使全果腐烂。通常自蒂部或伤口处开始发病。发病初期呈水渍状的圆形病斑，病部果皮湿润柔软，2～3 天后产生白色霉层，随后长出青色（青霉）或绿色（绿霉）粉状分生孢子。青、绿霉病是沙糖橘贮藏保鲜中为害最大的病害。

防治方法：

①适时采果。适当早采能预防该病的发生；避免雨后或雾日采果。

②避免损伤。采收、分级、包装、运输等环节要尽量避免机械损伤，伤口越多、越大，则越易感病。

③消毒灭菌。对工具、包装箱、贮藏库等进行彻底消毒灭菌。

④药剂防腐处理。控制青、绿霉菌的药物种类较多，如邻苯酚钠、仲丁胺（橘腐净）。目前多采用抑霉唑、施保功、特克多或其他苯并咪唑类药物作为采后浸果处理剂，效果甚佳，浓度为500～1 000毫克/升。

（3）采后处理与贮运保鲜方法

①采收。适当早采，有利于减轻沙糖橘机械伤及其染病的机会。在果皮转黄、油胞充实，但果肉尚坚实而未变软时采收。采收时使用圆头果剪，一果两剪，第一剪剪下果实，第二剪齐果蒂剪平。装果容器及周转箱内应衬垫柔软的麻袋片、棕片或厚的塑料薄膜等，以防擦伤果皮。在随后的采后处理过程中，均要做到轻拿轻放，轻装轻卸，尽量避免机械损伤，为贮藏与远运打好基础。由于沙糖橘皮薄的特点，如何减轻机械伤是其贮运保鲜的关键因素。目前大部分沙糖橘采用带枝叶销售的方式，这种方式极易导致在选果、采后处理、贮运及其销售过程中刺伤果实，引起严重腐烂。因此，营销企业应逐步推广不带枝叶的贮运和销售模式。

②选果。根据果品的大小、色泽、果型、成熟度、新鲜度以及病虫害、机械伤等商品性状，按照要求进行严格挑选、分等，将病果、虫果、机械伤果、脱蒂果等剔除。

③防腐保鲜处理。防腐保鲜剂主要由用于抑制和杀灭病原菌的药剂、植物生长调节剂如2,4-D以及保鲜蜡组成。杀菌剂浓度一般为500～1 000毫克/升，2,4-D的浓度为100～200毫克/升，蜡液的浓度按不同产品的说明书进行，以浓度偏低为宜。处

理方法有浸泡法和清洗打蜡分级生产线喷涂法。

④包装。可采用多种包装方式。如采用礼品包装，精选外观漂亮、品质优良的沙糖橘果实逐个放入礼品盒内。另外，用于贮藏或者运输的包装，可采用塑料箱包装，箱内衬 0.02～0.04 毫米厚的聚乙烯薄膜袋，袋内铺一层吸水纸，装好果实后袋口不要封死，所留袋口大小，依气温高低而定。如温度较低，可留 1/4 袋口。每箱重量以 5～10 千克为宜。

⑤预冷。由于沙糖橘采收期在 11 月至翌年 1 月，此时气温较低，尤其是夜间温度偏低。利用这一特点，在沙糖橘包装后，把果实分散放在空旷的房间内或荫棚下，使之自然预冷过夜。有条件的地方，可在冷库中自然预冷，温度控制在 6℃左右，效果更佳。然后再行装车远运，可大大减少损失。

⑥装车运输。装卸沙糖橘时，要特别注意防止机械伤，在搬运和装卸过程中稍有扔、丢，就会发生碰压而破损，引起果实腐烂损耗。因此，在装卸中应像对待易碎商品一样，轻装轻卸。在堆叠 5 层左右的果箱之后，应放置一层木板，以减轻下层果实的压伤。

⑦冷库贮藏。沙糖橘在 6℃以下易产生冷害。冷害初期果蒂周围有轻微凹陷，果皮颜色变化不大，随后大多数果果皮有凹陷斑，果皮颜色开始变浅，失去光泽，表现出明显的冷害症状。冷害还可能导致沙糖橘风味下降，并出现异味。如需较长时间的低温储藏，采用 6～9℃的冷藏库为宜，约可贮藏 3 个月。为使库内温度迅速降低到所需要的低温，进库的果实要经过预冷处理。冷藏库要注意通风换气，排除过多的二氧化碳等有害气体。换气一般在气温较低的早晨进行。冷库制冷的蒸发器要注意经常除霜，以免影响制冷效果。

五、病虫害防治

（一）常见的传染性病害

1. 柑橘黄龙病

黄龙病是一种国际性柑橘病害，目前已知在亚洲、非洲、美洲40多个国家有分布、为害。在国内已有11个省（自治区）有发生为害，尤其是华南地区，更是柑橘上的毁灭性病害，已成为柑橘生产发展的最大障碍。

（1）病状特征

典型病状特征，是田间诊断黄龙病的主要依据，用于田间诊断的典型病状有：

①初发病树的3种特异性黄梢。即均匀黄化型黄梢、斑驳型黄梢和缺锰型黄梢。

1) 均匀黄化型黄梢。多出现于春梢期和秋梢期，在一株生长正常的柑橘树上，部分或大部分抽出的新梢不转绿或转绿过程中途停止转绿，形成叶片呈黄白色或淡黄绿色均匀黄化的黄梢。

2) 斑驳型黄梢。多发生于夏、秋梢。在一株生长正常的柑橘树上，抽出的新梢都正常转绿，但新梢老熟后，部分新梢叶片从基部开始褪绿黄化。由于褪绿不均匀，呈现黄、绿相间的斑驳，形成斑驳型黄梢。

3) 缺锰型黄梢。多发生于2～3年生沙糖橘夏梢期初发病树。在一株外观正常、生长旺盛、抽出的夏梢叶片大小也正常，但叶片转绿不正常，而呈现叶脉绿，叶肉黄的缺锰状黄化。这种黄梢在甜橙幼龄初发病树的夏梢，有时也会出现。这种黄化与生理性缺锰十分相似，其最大的区别在于：黄龙病导致的缺锰状黄化叶片，失去光泽，同时过 1～2 个月后，叶片由原来缺锰状黄化，逐渐演变成类似斑驳型黄梢或带有绿斑的均匀黄化型黄梢。因此，缺锰型黄梢，可以看成是初发病树形成其他类型黄梢前的过渡类型。

②中、后期病树大量落叶，呈现周体性衰退。抽发新梢短小、纤弱，叶片脉间黄化，呈缺锌、缺锰状花叶。原来正常的老叶，陆续出现褪绿，呈斑驳黄化。

③成年病树，产生大量畸形果、青果、斑驳果和"红鼻果"。

（2）田间诊断

田间诊断法，是最早应用的鉴别方法，在未获知嫁接传染法之前，更是鉴定黄龙病的唯一方法。由于简单、易行，无需任何专业实验设备，在大多数情况下，仅凭借病状特征，就可以在田间立刻做出诊断，是目前最迅速的鉴定方法。此法最大的缺点是必须要有特异性田间病状，才能做出准确的诊断。但根据笔者多年的观察和实践，除可以根据该病的病状特征加以判断外，还可以根据发病程序、田间传播和蔓延特点等多方面情况综合考虑，以提高诊断准确性。

①根据田间典型症状特征。黄龙病的病状特征，是田间诊断的主要依据。在做出诊断之时，必须排除可能导致相似黄化症状的其他病害、虫害和伤害等因素之后，根据上述的黄龙病主要病状特征，即初发病树的 3 种类型黄梢中的一种；中后期出现斑驳黄化叶片，并抽出缺锌、缺锰状花叶的新梢；成年树出现大量畸形果、青果，宽皮柑橘类（如沙糖橘、椪柑）则出现"红鼻果"。

②根据发病程序观察。

1) 从初发病树整株观察。绝大多数情况下都是树冠中、上部外围新梢叶片最先发病黄化。

2) 从初发病树 1 条病枝观察。真正的黄龙病树，必然是枝条顶端的新梢最先发病，其下的基枝叶片外观完全正常，过一段时间之后，才陆续出现褪绿斑驳。若顶梢和基枝叶片同时黄化或只有基枝叶片黄化而顶梢生长和转绿正常者，都不是黄龙病引致的病状。

3) 从 1 片斑驳叶的演变过程判断。叶片斑驳是黄龙病的特异性症状之一。通常是叶片完全转绿后再褪绿成黄绿相间的斑驳。其褪绿过程大多是从叶片基部开始，然后沿中脉和两侧叶缘向叶尖方向扩展。由于各部位褪绿不均匀或受主侧脉限制，而形成一块黄一块绿的黄绿间杂的斑驳。

③根据田间蔓延现象。黄龙病是一种传染性病害，在田间借助柑橘木虱作为传病媒介，实现其田间蔓延，而柑橘木虱在正常情况下，不作远距离迁飞，其活动范围有限，其传病的范围亦十分有限，3 年生以上的病果园，可以看到明显的发病中心。其中发病最早、衰退最严重的就是中心病株。病害沿中心病株向四周呈辐射状扩散，越靠近中心病株的发病越早，衰退越严重。

以田间特异性症状为主要依据，综合运用上述各点作佐证，就可以对田间可疑病树，作出较准确的诊断。

（3）发生、流行规律

黄龙病是由一种寄生于柑橘韧皮部筛管细胞内的细菌引致的病害。病原细菌只能通过人工嫁接或柑橘木虱作媒介传染。在实验条件下，也可以通过菟丝子传染。土壤、灌溉水、枝剪、嫁接刀或机械摩擦均不能传病。最近有研究报告称，柑橘黄龙病有可能是由细菌和植原体（类似菌原体的原核生物）复合感染引致的病害。

带病苗木、接穗通过人为调运，是黄龙病远程传播的主要途径；柑橘木虱是田间自然传播的媒介，通过木虱反复传染，造成病害的田间蔓延。

田间黄龙病树（侵染源）的存在和柑橘木虱的大量发生是黄龙病流行的两个先决条件；在田间具备一定数量的病株（侵染源）的情况下，虫媒（柑橘木虱）发生量越大，病害流行越快。同样，田间存在一定数量虫媒的情况下，病株越多，分布越均匀，病害流行越快。

（4）综合防除措施

由于目前对田间黄龙病树，还没有可靠的治疗手段，故防治黄龙病的重点在于以防为主的综合治理措施。实践表明，现有的栽培技术和治疗手段，都不能治愈田间真正的黄龙病树，对此不可寄予不切实际的幻想，认真做好综合治理的各项措施，才能延长果园寿命，减少经济损失。

①病区、无病区都必须实行检疫。杜绝人为远程传播，防止带病苗木、接穗传入或输出。

②培育和栽种无病苗木，并实行隔离种植。以应用无病苗为基础，配合其他措施综合运用，是当前防控黄龙病的最可靠办法。

新建果园除必须用无病苗外，还需实行隔离种植，即新果园尽量远离旧病果园，若能与病园、病树相距 600 米以上，并加强防虫，就可大大减少病害对新果园的自然感染。

③全力控制再侵染。对黄龙病的防控成功与否，关键在于能否控制住田间病害的再侵染，而再侵染的多少，则取决于能否抓好彻底铲除侵染来源（即田间病树）和杀灭传病媒介昆虫柑橘木虱，这是两个关键环节。黄龙病的所有综防工作，都必须围绕这两个中心环节而展开，具体做法是：

1）结合冬季防治和早春清园，全面喷药杀灭越冬的虫媒之后，彻底挖除病树，包括可疑病树，宁错挖十株，勿漏一株。在生长期内，每次新梢老熟时，全面检查 1 次，发现 1 株，挖除 1 株。挖病树前必须提前 1～2 天喷药杀虫，否则有可能造成病害更多的扩散。

2）抓紧新梢期防治柑橘木虱。a. 春梢长达 3～5 厘米时，不论田间是否发现有柑橘木虱，都必须结合保花、保果或防治其他病虫喷 1 次杀虫剂，其后隔 7～10 天再喷 1 次，连喷 2 次。b. 夏、秋梢放梢前，均采取"去零留整，去早留齐"，或采用摘除全部早出的嫩梢和追肥促梢的"摘芽促梢"措施，使发梢整齐，恶化柑橘木虱的营养和产卵条件，缩短对新梢的保护期。c. 当夏、秋梢长达 1～2 厘米时，结合防治潜叶蛾，喷 1 次药，其后隔 7～10 天再喷 1 次。连喷 2～3 次，直至新梢老熟。

④必须要有行政介入，实行有组织的大面积同步治理。在黄龙病已广泛分布，普遍存在，而个体经营柑橘园又互相毗邻的情况下，若不通过行政干预，统一组织、筹划大面积同步防治，就不可能有效控制黄龙病的蔓延。对于零星小片分布的橘园，也要根据自然隔离条件，因地制宜，种植户自行组织起来，统一行动，共同协作联防。

2. 柑橘炭疽病

柑橘炭疽病是一种分布广泛的真菌病害。该病几乎可以侵染柑橘地上部任何一个器官，从而引致落叶、落花、落果、枝梢变枯和枝干皮层溃疡爆裂，还可引致贮运期果腐。

（1）症状特征

侵染叶片时，常出现急性型，慢性型和次生落叶型 3 种类型病斑。

急性型又称叶枯型，是叶片受侵染后，初呈淡青色至暗褐色病斑，病、健部交界不明显，病部扩展迅速，大面积呈暗褐色水渍状坏死，有时病斑呈浓淡相间的云纹状，病叶很快变黑枯萎脱落。

慢性型又称叶斑型，多从叶尖或叶缘开始，出现黄褐色病斑，扩大成半圆形或不规则形，稍微凹陷，中央灰褐色，边缘褐色至深褐色，病健部交界明显。天气干燥时，病斑中部呈灰白色，上生黑色小点（病原菌的分生孢子盘），散生或略呈轮纹状排列。

次生型病斑，多发生于秋、冬季，尤其是久旱不雨，天气干燥或因灌溉不善，造成柑橘水分生理失调。患部初呈黄褐色水渍状半透明，随后叶肉萎缩，病部叶肉明显凹陷，使叶脉明显突起。病斑可发生于叶片的任何部位，形状不规则，但常受叶脉限制呈现多角形。病斑最后呈灰褐色至灰白色，其上散生小黑点。这种类型病斑，常在同一株树上有多条枝梢发生，在同一枝梢上有多片叶甚至全部叶片同时发生，造成大量落叶、枝枯和僵果。

侵染花器，使花瓣、柱头变褐坏死，引致落花。

侵染幼果，病部呈暗绿色水渍状坏死，幼果脱落。青果期受害，多形成干疤状病斑和泪斑。泪斑和干疤状病斑，都只限于表皮层受害，不扩及果肉，不导致落果。近成熟期果受害，引致蒂枯和落果。先在果蒂或果蒂附近出现淡褐色水渍状斑，随后果蒂周围果皮黄化，以至全果黄化脱落。在落果蒂部可见暗褐色至黑褐色坏死斑。有时侵染是从果柄开始，然后沿果柄向果蒂扩展，使果蒂周围果皮呈黑褐色，造成蒂枯和落果，或枯柄挂果。病原菌从果蒂侵入后，有时采收前尚未表现症状，采收后储运期间才出现果腐。

侵染嫩梢时，出现急性型症状，使嫩梢、嫩叶呈黑褐色坏死，枝条干枯。成熟枝梢或一年生以上的枝干受害，皮层出现长梭形或长条形病斑。病部溃疡腐烂、流胶，皮层开裂，露出皮层纤维。严重时也会引起大量落叶和枝枯。

（2）发病条件

①品种与植株长势。柑橘品种间抗病性有明显差异。贡柑是目前所见到的高度感病品种之一，尤其容易感染急性炭疽病。椪柑、甜橙、温州蜜柑也属于高感病品种。沙糖橘、茶枝柑、年橘、马水橘和柠檬类属中度感病。蕉柑、沙田柚、金柑较抗病。

同一品种受病菌侵染后，发病迟早、轻重决定于植株的长势。若树势壮旺，组织健壮，侵入后的病菌生长受抑制，可长期不产生症状，形成潜伏侵染（无症状侵染）。反之，若栽培管理不善，虫害多，树势衰弱，受侵染后，发病快且严重。

②气候条件。冬季受冻害，春季低温、阴雨，夏、秋季高温、多雨，尤其是台风雨频发，均有利于炭疽病发生。若秋季过于干旱，引致秋梢水分生理失调，造成大量叶片叶肉败坏，诱发次生型叶斑，引起大量落叶和梢枯。

（3）防治方法

①加强田园清洁，减少侵染来源。首先要搞好冬季清园工作，剪除所有病枝梢（包括上年度抽发的带病枝条）、病果柄，刮除枝干上的腐烂溃疡斑，清除地面的落叶、落果集中烧毁。在此基础上喷一次 0.8～1.0 波美度石硫合剂（或 45%晶体石硫合剂 200 倍液）。较大枝条的剪口和刮过病皮的病痕，及时用 10%波尔多浆涂封。

剪病枝时，剪口应在病部以下 3～5 厘米处，以防止已沿维管束向下扩展的病菌残留。

②加强栽培管理，增强树势。

1）加强肥水管理，避免偏施氮肥，增施磷、钾肥和有机质肥。历年发病较重的橘园，结合防裂果，增施钾肥：10 年生以下的结果树，每年株施硫酸钾 0.2～0.3 千克；10 年生以上的结果树，每年株施 0.4～0.5 千克。若用氯化钾，用量适当减少，并不宜多年连用。上述钾肥最好混入有机肥中分 2～3 次施放。

搞好排灌，防止果园积水或过度干旱，使根系生长正常，培育健壮树势。

2）合理调控挂果量，避免树势衰弱。

3）加强防治新梢害虫、害螨，减少虫伤口，从而减少病菌借伤口侵染。

③高接换种。若栽种高感品种，连年发病严重，导致歉收

或失收的柑橘园，可考虑高接换上较抗病的品种。作高接前必须做好田园清洁，清除所有病残物，集中烧毁，并用0.1％硫酸铜溶液，喷布树干和地面消毒。树干及大枝切口处用1∶1∶10的波尔多浆涂封，防止病菌从切口侵入，引致主干或主枝枯萎。

④及时喷药保护。每次抽新梢期，抓紧在新梢自剪前喷第一次药，以后隔7～10天喷1次，连喷2次。幼果期喷药保护，在谢花后至第一次生理落果前喷第一次药，后隔7～10天喷1次，连喷2～3次。可交替使用以下药剂：

1）50％甲基托布津可湿性粉剂600～800倍液。

2）50％多菌灵可湿性粉剂600～800倍液。

3）50％复方硫菌灵超微可湿性粉剂500～700倍液。

4）25％扑霉灵（施保克）乳油1 000倍液。

5）50％退菌特（透习脱）500～700倍液。

6）50％百菌清可湿性粉剂300～400倍液。

7）25％代森锰锌（大生）悬浮剂500倍液。

8）0.5％～0.8％等量式波尔多液。

3. 柑橘脚腐病与柑橘枝干流胶病

（1）症状特征

柑橘脚腐病（又称裙腐病）和枝干流胶病都是由疫霉菌引致的病害。脚腐病是疫霉菌侵染植株嫁接口至根颈部位，使树皮呈黄褐色至黑褐色腐烂。潮湿天气，病部扩展迅速，渗出黄褐色带酒糟味的胶状液体。天气干燥时，胶液凝固于树皮上。病部扩展超过茎围的1/3时，患部一侧树冠叶片开始黄化，若病部环绕茎一周，则引致全株黄化枯死。

枝干流胶病，其症状与脚腐病相似，只是发病部位不同，多发生于嫁接口以上的主干和主枝上，病部皮层黑褐色溃烂、流胶。随着病情发展，患病枝、干上的叶片陆续黄化。脚腐病和枝干流胶引致的叶片黄化，都呈沿脉黄化，即早期叶脉先黄，呈现叶脉黄叶肉绿，直至后期叶肉也褪绿变黄，但仍然看出叶脉特别黄，柑农称之为"黄骨"。

（2）发病规律

①砧木种类和树龄。脚腐病的发生与砧木种类有关。以红檬檬或甜橙作砧木的贡柑、沙糖橘、甜橙、椪柑最易感病，以红橘或酸橘作砧的发病较少，以枳作砧较为抗病。脚腐病和枝干流胶病都是成年树和老年树发生较多。

②栽培管理。地势低洼，排水不良，地下水位高，土质黏重、贫瘠的水田柑橘发病最重。栽培管理不善，树势衰弱，中耕、施肥不当，造成树皮损伤，或定植过深，嫁接口贴近土面或藏于土中，以及天牛和地下害虫为害严重的柑橘园，脚腐病都较重。枝干流胶病与天牛、黑蚱蝉等枝干害虫为害有关。

橘树生长郁闭，通风透光不良，高温、多雨，园内长期高湿的小气候条件，雨天环割，或环割后，伤口未愈合前下雨，都是这两个病的重要诱因。

（3）防治方法

①选用抗病砧木。凡发病较重或用水田种柑橘的地区，避免用感病砧木。应选用枳、枳橙、红橘或酸橘作砧；嫁接时适当提高嫁接口位置，并建高畦种植；定植时避免种植过深，以便植穴下沉之后，嫁接口仍高离土面。

②靠接换砧。用2～3株抗病砧木苗，靠接于病树主干基部，以更换原来的感病砧木。

③加强栽培管理。挖深沟排水，降低地下水位，防止果园积水；适度修剪，使橘园通风透光，改善果园内小气候条件；注意防治天牛、吉丁虫等害虫。除草、施肥及树盘覆盖等耕作过程，要尽量减少对根颈及树皮的伤害。切勿雨天或雨水未干时环割。环割后遇雨，必须及时涂甲霜灵等杀菌剂消毒。

④病树治疗。脚腐病和枝干流胶病都必须及早治疗。方法是

刮除病部粗皮，用刀纵刻（或横刻）病部，深达木质部。刻线两端超越病斑延长至健部皮层。刻线间距 0.5～1 厘米。然后在病部及刻线所到的健部涂以 25％瑞毒霉（甲霜灵）可湿性粉剂 200 倍液，或 58％瑞毒霉·锰锌（甲霜灵锰锌）可湿性粉剂 100 倍液。隔 5～7 天涂 1 次，连涂 2～3 次。涂药后用薄膜包扎，涂完最后 1 次药，用清洁湿泥敷盖，再用薄膜包扎，直至病部长出愈伤组织，并形成新皮。

4. 柑橘根腐病及疫霉果腐病

（1）症状特征

疫霉菌侵染根系，引致主根、侧根皮层呈黑褐色坏死和须根腐烂。只有部分根系受害时，造成与烂根相对应一侧树冠叶片黄化、脱落。病情严重时，使全株叶片黄化、枝条枯死。发病较轻的树，新梢叶片沿脉黄化，脉间轻度褪绿。次年花量大，但乒乓花多，坐果少，所结的果，果大、皮厚、表面粗糙无光泽，果肉汁少，味酸不堪食用。

10～11 月份，若遇高温、多雨天气，疫霉菌还侵染下垂枝条贴近地面的果实，导致田间果实褐腐病。初为淡褐色近圆形病斑，病部扩展迅速，很快引致全果软腐。天气潮湿时，病部长出白色绵毛状物（病原菌的子实体），这是疫霉果腐的重要病症，若采收或储运期间果实被侵染，则成为贮运期褐腐病。

（2）发病规律

①土质黏重，地下水位高，排水不良，以及树盘生草茂密、潮湿、荫蔽，容易诱发病害。

②4～6 月和 9～10 月雨水多，田间积水、高湿，加上树冠郁闭，不仅易发生根腐病，而且至 10～11 月易导致下垂枝果实褐腐病。

③蝼蛄、蛴螬等地下害虫多或中耕、施肥不当，伤根多，根腐病也多。

（3）防治方法

①挖深沟排水，降低地下水位，防止果园积水；适度修剪，增加果园通风透光，降低果园内湿度。

②加强栽培管理。增施磷、钾肥和有机质肥，增强树势；采用精耕细作和防治好地下害虫，减少根系受伤。

③病树治疗。扒开表土，剪除烂根（剪口应在病部以上 3～4 厘米的健康根部）后，用 25％瑞毒霉可湿性粉剂 1 000～1 500 倍液或 64％杀毒矾（噁霜锰锌）可湿性粉剂 600～800 倍液泼施根部，在阳光下曝晒 2～3 天，然后用火烧土或清洁客土覆盖。

在处理烂根的同时，适当剪去树冠的部分枝叶，减少植株水分蒸腾。

④9～10 月，用 85％瑞毒霉·锰锌可湿性粉剂 500～700 倍液，或 90％乙膦铝（疫霜灵）可湿性粉剂 500～600 倍液，树冠喷雾，重点是喷树冠中部以下的下垂枝及内膛枝的果实。每隔 7～10 天喷 1 次，连喷 2～3 次。预防果实褐腐病发生。

5. 柑橘苗疫病

（1）症状特征

本病也是疫霉菌引致的病害。病菌侵害苗期的嫩梢、幼茎和嫩叶。病部初呈水渍状、淡褐色斑点，很快扩展成褐色至黑褐色病斑。嫩梢受害，病梢迅速腐烂或从病斑处弯折枯死。

侵染叶片，初呈灰绿色水渍状斑点，后迅速扩大成黑褐色近圆形或不规则形大斑。在高温、潮湿条件下，病部扩展很快，二三天内使叶片变黑腐烂，并在靠近健部的病斑边缘处长出浓密的白色绵毛状霉层，此乃病原菌的菌丝体和孢子囊梗。

苗疫病的症状与急性炭疽病侵染嫩梢、嫩叶的症状十分相似，应注意加以区别。通常在潮湿的条件下苗疫病在病部可见的病征是白色绵毛状的霉层，而急性炭疽病有时会产生橘红色的黏性液点，绝不会长绵毛状霉层。

（2）发病条件

①品种抗病性与寄主组织的老化程度。据在广东观察，本病可侵染甜橙、年橘、沙糖橘、贡柑、行柑、茶枝柑、蕉柑、椪柑、沙田柚、红檬檬、尤力克柠檬的实生苗和嫁接苗，以及观赏用的盆栽金柑、四季橘、朱砂橘、西柠檬（枸橼）等。其中以甜橙、年橘、沙糖橘、椪柑、金柑和四季橘的嫁接苗最为感病。尤其是用红檬檬或西柠檬作砧木时受害更甚。同一品种，实生苗比嫁接苗抗病。同一品种嫁接苗中，以红橘或酸橘作砧木的比红檬檬或西柠檬作砧木的抗病。实生枳苗高度抗病，以枳作砧木的嫁接苗抗病性也较高。

本病只侵染寄主幼嫩组织，已完全老化的叶片或枝梢不再受侵染，即使人工刺伤接种，侵染率也不高。但对果实的侵染则相反，越接近成熟越易受侵染。

②天气条件。本病在温暖、高湿条件下发病最多。广东每年3月中旬至6月中旬为本病的流行期。尤其是清明前后，阴雨连绵时节，发病最为严重。在此期间，若遇风雨或苗地内涝苗木被淹，则发病更严重；若有连续3天以上晴朗无雾天气，病害停止蔓延。

③栽培条件。1）连作发病多，水旱轮作发病少。前作是茄科、葫芦科的蔬菜发病也多；2）苗圃用垃圾、土杂肥作基肥或追肥的发病多。过多施用氮肥，使新梢生长旺盛，叶片宽阔，柔软，更易感病；3）土壤黏重，排水不良或苗圃荫蔽，光照不足，发病也重。

（3）防治方法

①选用抗病砧木繁育嫁接苗。

②用新垦地或前作水稻田作苗圃或在此取土装袋育苗。避免连作或取菜园土育苗，避免用垃圾肥及土杂肥作苗圃用肥，用禽、畜粪作基肥时也必须经堆沤腐熟。搞好苗地排灌，防止积水内涝。

③及时剪除病梢、病叶后喷药保护。从3月上旬开始，密切注意病害发生动向，若发现少数病叶，立即剪除集中烧毁，然后喷1次58%瑞毒霉·锰锌（甲霜灵锰锌）可湿性粉剂500～600倍液。以后根据天气和病害发生情况每隔10～15天喷1次药，直至6月中旬气温和湿度不利于病害发生为止。但3～6月份，开放式苗圃，每逢雨后必须在12小时内抢晴天加喷1次25%瑞毒霉（甲霜灵）可湿性粉剂800～1 000倍液。瑞毒霉不可连续施用超过3次。可选用以下药剂交替使用：

1）64%杀毒矾（噁霜锰锌）可湿性粉剂400～500倍液。

2）90%乙膦铝（疫霜灵）可湿性粉剂500～600倍液。

3）58%瑞毒霉·锰锌可湿性粉剂500～700倍液。

4）80%代森锰锌可湿性粉剂800倍液。

5）0.5%～0.8%等量式波尔多液与食盐混合液（每50千克波尔多液中加0.3千克食盐），溶解拌匀喷雾。

防治疫霉菌导致的病害，不宜用多菌灵和托布津类对疫霉菌无效的杀菌剂，否则错失防治时机，造成严重损失。

6. 柑橘黄斑病

黄斑病又称脂点黄斑病或脂斑病，是由真菌引起的病害。主要为害叶片，尤其是春梢和秋梢叶片，导致大量落叶。也可以侵染果实表皮。

（1）症状特征

侵染叶片时，常出现脂点黄斑型和褐色小圆星型两种类型的病斑。侵染已成长或接近成长老化的春梢叶片时，多产生脂点黄斑型病斑。初期在叶背面出现黄色小点，后呈水渍状近于半透明的黄斑。黄斑中央产生许多淡褐色至红褐色疹状小粒，多个小粒聚集成凸起不规则的小斑块。病斑继续扩展，这些疹状小粒与凸起斑块逐渐变成深褐色至黑褐色，病斑从叶背逐渐透过到叶片正面，形成不规则的黄斑，中部亦有褐色疹状小粒或聚集成的小斑块，但均较叶背面的少而小。病叶在冬季大量脱落。

侵染秋梢老熟叶片时，除产生脂点黄斑型病斑外，还可形成褐色小圆星型病斑。病斑圆形或椭圆形，直径 1～5 毫米，病斑边缘赤褐色至黑褐色，稍隆起，中央灰褐色或灰白色，微凹陷，其上散生黑色小粒（病原菌的子实体）。

病菌有时可侵染果实表皮，引致与叶片相似的疹状小粒，但到果实临近成熟期，病斑才从淡褐色小斑扩大或聚集成暗褐色至黑褐色较大的疹状斑。

（2）发病条件

病原真菌在脱落或未脱落的病叶中越冬。翌春条件适宜时产生子囊孢子或分生孢子，借风雨传播，从叶片气孔侵入，经 2～4 个月潜伏期后出现症状。品种的抗病性和栽培条件的优劣，是影响该病发生的重要因素。

①不同品种感病性有差异。广东以椪柑最感病，年橘、沙糖橘、八月橘、马水橘、贡柑、沙田柚、蜜柚中度感病，甜橙类较为抗病。在同一品种中，老龄树较幼龄树发病重。树冠下部和内部叶片较树冠上部和外围叶片严重。春梢叶片比夏、秋梢叶片发病严重。感病品种的椪柑，秋梢叶片发病也相当严重。

②栽培管理。长期失管或管理不善，植株生长衰弱，或过分荫蔽，通风透光不良，或螨害严重的柑橘园发病较重。

（3）防治措施

①加强栽培管理，增强树势，是防治本病的根本性措施。排除积水，适当修剪，防止郁闭，增加果园通风透光，降低园内湿度等措施，均有利于减轻为害；搞好冬季清园，摘除严重的病叶，清除地上的枯枝、落叶，集中烧毁。

②喷药保护。罹病果园，从 3 月中旬开始喷药保护，以后每隔 15～20 天喷 1 次，连喷 3～4 次。药剂可选以下几种交替使用：

1）25％代森锰锌（大生）悬浮剂 500～600 倍液。

2）50％甲基托布津可湿性粉剂 600～800 倍液。

3）0.5％等量式波尔多液。

4）77％可杀得（或 77％丰护安）500 倍液。

5）25％扑霉灵（施保克）乳油 1 000 倍液。

7. 柑橘黑斑病

柑橘黑斑病又称黑星病，是国内许多柑橘产区都有分布的一种真菌性病害。

（1）症状特征

柑橘黑斑病主要为害果实，也可侵染枝、叶。在果实上产生斑点型（黑星型）和腐烂型（黑斑型）两种类型病斑。

斑点型病斑，发生于将成熟的果实，初呈红褐色至紫红色圆形小斑，扩大后成为直径 1～6 毫米的圆形斑点，边缘稍隆起，呈红褐色至黑褐色，中央凹陷，呈灰褐色至灰色，上生稀疏小黑粒，为病原菌的分生孢子器。有时多个斑点联合成较大的不规则的斑块，但也有在病果上密布数十个，甚至上百个直径 1～2 毫米的小斑，而并不联合，这在甜橙和年橘上常可看到。斑点型病斑一般只限于表皮，而不深入果肉，但斑点多时，会引致落果。

腐烂型病斑多在贮运期发生。开始时在果面上某一部位密集地出现许多红褐色至黑褐色下陷小点，扩大后互相联合而成近圆形或不规则形、暗褐色稍凹陷的大斑。病部向果肉扩展，使瓤瓣呈暗褐色至黑色腐烂。

侵染叶片，初为红褐色小点，周围组织黄化。随后形成边缘红褐色明显凸起，中央淡褐色凹陷，直径 1～2 毫米的圆形病斑。病斑穿透叶片两面时，在病斑背面亦形成边缘红褐色中央淡褐色凹陷的圆斑。

侵染枝条，病斑与斑点型果斑相似，但斑点较细小。

（2）发病规律

病菌在脱落或未脱落的病枝、病叶上越冬。次年 3 月产生大量分生孢子，侵染春梢叶片。4月上、中旬，在适宜的温、湿度条件下，在脱落的病叶上产生大量子囊孢子侵染幼果。病菌主要借风雨和昆虫传播。在高温、多湿季节，通风不良的果园发病较重。

品种间的抗病性有差异。茶枝柑、蕉柑、椪柑、行柑、贡柑、温州蜜柑、沙糖橘、年橘、南丰蜜橘最易感病。沙田柚、早熟柚、柠檬也较感病。甜橙类较抗病。

栽培管理不良，土壤有机质含量低，缺肥或偏施氮肥，树势衰弱的柑橘园，发病较重；老龄果园较幼龄园发病重。

（3）防治方法

①冬季清园。收果后结合防治其他病虫，注意剪除病枝、叶和僵果，并将地面的落叶、落果彻底收集烧毁，减少初次侵染来源。清园后喷1次0.8～1波美度石硫合剂（或45％晶体石硫合剂200倍液）。

②加强栽培管理，增强树势。注意增施磷、钾肥和有机质肥料。注意适当修剪。改善果园通风透光条件。

③及时喷药保护。3月中、下旬喷1次药，保护春梢。4月中、下旬柑橘谢花后必须喷1次药，保护幼果。其后隔10～15天再喷1次，连喷2～3次。药剂可交替施用以下几种杀菌剂：

1）50％甲基托布津可湿性粉剂500～600倍液。

2）50％多菌灵可湿性粉剂600～800倍液。

3）25％敌力脱可湿性粉剂400～600倍液。

4）25％代森锰锌悬浮剂500倍液。

5）25％扑霉灵（施保克）乳油1 000倍液。

6）0.8％等量式波尔多液。

7）10％世高（苯醚甲环唑）水分散粒剂500倍液。

8. 柑橘溃疡病

溃疡病是一种细菌性病害，也是一种为害严重的国际性检疫对象。

（1）症状特征

溃疡病症状最大的特征是：引致组织增生，使病部隆起，细胞木栓化，表面粗糙。

①叶片病斑。1）初期特征。最初在嫩叶上出现黄色至黄褐色小点，对光视之，呈半透明状。随后形成褐色油渍状圆形斑点，其周围有明显的黄色晕圈，病斑很快穿透叶片两面。2）成长病斑。病部细胞明显发育过旺，病斑隆起，细胞木栓化，表面粗糙。病斑中央呈灰褐色至灰白色，稍凹陷，而边缘隆起，呈深褐色，整个病斑呈火山口状。病斑背面亦隆起，呈黄褐色或灰黄色，表面粗糙，木栓化。病斑中央稍凹陷或隆起如小丘状。

病斑的正面或背面都可看到病斑在扩展过程中所形成的同心环纹以及病斑外缘的黄色晕圈。

②青果和嫩枝上的病斑与叶片病斑基本相似。青果上病斑亦为圆形，隆起比叶片更显著，中央凹陷或开裂。外缘有时亦有黄晕，但黄晕后期消失。病斑多时容易造成裂果和落果。

在嫩枝上，病斑呈圆形、椭圆形或梭形凸起，中央开裂。枝条上病斑没有黄晕。多个病斑连合呈块状，严重时，引致病部以上的枝梢枯死。

（2）发病规律

溃疡病菌借带病苗木、接穗、病果和带菌的砧木种子，通过人为调运作远程传播；借风雨、昆虫、农具、人畜及枝叶交接作近距离传染，造成田间蔓延。

病原细菌通过伤口和气孔、皮孔等自然孔口侵入寄主组织。从自然孔口入侵时，多数情况下只能侵染一定发育阶段的幼嫩组织，以及有可维持20分钟以上的水膜的条件下，才能成功侵入。

品种间抗病性有明显差异。橙类、柚类和柠檬类最感病；宽皮柑橘类（如椪柑、蕉柑、行柑、贡柑、沙糖橘、年橘、马水橘等）中度抗病；金柑类高度抗病。

感病品种的嫩梢期，若新梢害虫为害严重，造成大量虫伤口，又逢台风雨天气，发病必然严重，可在短期内造成大面积流行。

（3）防治方法

①实行检疫。防止带病苗木、接穗、果实和种子进入新区和无病区。

②培育和栽种无病苗木。新建果园，选种较抗病品种。

③病果园实行综合治理。

1）尽量减少初次侵染来源。冬季清园时，剪除病枝、病叶和清扫地面的落叶、落果，集中烧毁，并喷 0.8～1 波美度石硫合剂（或 45%晶体石硫合剂 200 倍液）消毒。

2）加强栽培管理。切莫偏施氮肥，尤其是在高湿、多雨季节和柑橘嫩梢期、幼果期要严格控制氮肥用量。成年结果树，摘除夏梢，减少病害侵染。放夏、秋梢时，采用"摘芽控梢"办法，使新梢抽发整齐，缩短感病的危险期；注意防治好新梢害虫（尤其是潜叶蛾），减少病害从伤口侵入。

3）适时喷药保护。高度感病品种（如甜橙类、柠檬类）春梢萌芽后 15～25 天内喷第一次药，其后隔 7～10 天再喷 1 次，连喷 2～3 次；夏、秋梢萌芽后 7～15 天喷第一次药，其后隔 5～7 天再喷 1 次，连喷 3～4 次；幼果期谢花后 10～20 天内喷第一次药，其后隔 7～10 天喷 1 次，连喷 3～4 次（可与保护春、夏梢的防治结合减少喷药次数）。

轻度至中度感病品种（如十月橘、马水橘、贡柑等），在田间已轻度发病的情况下，各梢期的防治，掌握在有 50%新梢自剪时喷第一次药，其后隔 7～10 天喷 1 次，连喷 2～3 次。保护幼果的喷药与高感病品种同，但喷药次数则根据发病情况酌情减少。

防治溃疡病，可交替施用以下药剂：

1）77％丰护安（或 77％可杀得）可湿性粉剂 500 倍液。

2）12％绿乳铜 600 倍液。

3）30％氧氯化铜 600 倍液。

4）700～1 000 国际单位/毫升农用链霉素溶液。

5）0.5％～0.8％石灰倍量式波尔多液。

9. 柑橘疮痂病

疮痂病是一种真菌性病害。高湿、温和的气候条件有利于本病的发生，同一品种在温带地区比在亚热带地区发病严重。在广东省内，粤北、粤中、粤西的冷凉山坑果园发病较多，平原区极少发生。

（1）症状特征

①叶片症状。初期与溃疡病相似。在幼嫩新叶上先出现黄色至黄绿色小点，周围有暗绿色油渍状环圈和黄晕。但发病比溃疡早得多，在嫩叶尚未完全开展时就可发生。病斑不穿透叶片两面，随着病斑扩大，黄晕和油渍状环圈消失，斑面呈圆锥状凸起，表面木栓化，粗糙，灰白至灰褐色。病斑背面深陷，呈漏斗形，但叶表皮组织完好。多个病斑聚生联合成片时，使叶片扭曲畸形。

②病果症状。病斑呈瘤状或山脊状突起，多个病斑联合时如山脉状。斑面木栓化，粗糙，灰褐色。

③病梢症状。嫩梢上病斑呈粒状至瘤状突起，严重时使嫩梢弯曲畸形。

病斑呈瘤状至圆锥状突起，表面木栓化，粗糙，常使患部畸形，这是疮痂病在叶片、果实和枝梢上病斑的共同特征。

（2）发病条件

病菌以菌丝体在病组织内越冬。翌春温暖、多雨时，产生大量分生孢子，借风雨或气流传播，侵染嫩梢、幼果。本病的发生与流行，主要决定于下列因素：

①品种感病性。最感病品种有温州蜜柑、南丰蜜橘、年橘、早橘、红檬檬、福橘、酸橘等；中度感病品种有椪柑、蕉柑、行柑、贡柑、茶枝柑、沙糖橘、蜜橘、八月橘及沙田柚等；甜橙类和金柑类则高度抗病。

②寄主组织的老化程度。本病只侵染幼嫩组织，以刚抽出尚未完全开展的嫩叶、嫩梢和刚谢花的幼果最敏感。随着组织老化和果实增大，抗病性明显增加，受侵染机会减少。

③气候条件。高湿、温和气候，对发病有利。所以，广东省以春梢期和幼果期受害较重，夏梢、秋梢期较轻。粤北、粤西地区一些山地果园，由于早春气温较低，雾大、露重，日照短，加上多栽种年橘、温州蜜柑等易感病品种，疮痂病的发生远比沿海平原区严重。

此外，发病还与栽培管理，树势壮旺与否有关。

（3）防治措施

①加强栽培管理，增强树势。做好冬季清园，收果后结合修剪，清除病枝、病叶，集中烧毁，并喷 0.8～1 波美度石硫合剂1 次，减少越冬菌源。若果园中混种有温州蜜柑、红檬檬、酸橘、年橘等特别感病品种，应及早清除或高接换种。

②及时喷药保护。喷药防治疮痂病的重点是保护春梢和幼果。春芽萌发，芽长 1～3 毫米时，抓紧喷第一次药，隔 10～15天再喷第二次，谢花 2/3 时喷第三次，落花后 10～15 天喷第四次。其后视幼果受侵染情况而确定是否增喷 1～2 次药。防治疮痂病可交替使用以下药剂：

1）0.5%～0.8%等量式波尔多液。

2）77%可杀得（或 77%丰护安）可湿性粉剂 500 倍液。

3）50%退菌特可湿性粉剂 600 倍液。

4）30%多菌灵胶悬剂 800 倍液。

5）25%代森锰锌悬浮剂 500 倍液。

6）25%敌力脱（丙唑灵）乳油 1 500～2 000 倍液。

10. 柑橘煤烟病

煤烟病又称煤病，是由煤炱菌科和小煤炱菌科的多种真菌引起的病害，广布于全国所有柑橘产区。其为害主要是影响光合作用，树势衰弱和果实品质下降。

（1）症状特征

本病主要为害叶片、枝梢和果实。虽然引发煤烟病的煤炱菌多达 10 多种，但产生一种共同的症状特征——在寄主病部表面产生黑色至黑褐色煤烟状霉层。但不同的病原真菌产生的霉层却有所差异，大致可分为易脱落和不易脱落两种类型。多数情况下，煤烟病是由柑橘煤炱菌、刺盾煤炱菌和柑橘丝座煤炱菌等煤炱菌侵染引起的，霉层呈黑色至黑褐色绒状或锅底灰状，霉层（菌丝层）只附着于寄主器官表面，以昆虫分泌物为营养，菌丝体不侵入寄主表皮细胞内，所以易自然脱落，或以手擦之便成片脱落；由柑橘小煤炱菌侵染引起的煤烟病，霉层不呈片状或薄纸状，而形成辐射状小霉斑，散布于寄主受害器官表面。由于霉层（菌丝层）的菌丝体可生成吸胞，伸入寄主表皮细胞内，营寄生生活，不以昆虫的分泌物为营养，其表生菌丝层（霉层）不易脱落。

（2）发病规律

煤炱菌除侵染柑橘外，有些种类还可侵染黄皮、番石榴、荔枝、龙眼等果树，初侵来源较多，但主要来源是在病部越冬的菌丝体（霉层）、分生孢子器和闭囊壳。次年春天产生大量的分生孢子和子囊孢子，借风雨传播，落在有粉虱、蚜虫等虫害分泌物的叶片上，并以此为营养，形成新的霉层。凡果园管理不善，通风透光不良，高湿、郁闭的环境条件，以及防治害虫不力，蚜虫、粉虱和介壳虫类发生较多的柑橘园，其发病也严重。

（3）防治方法

①除柑橘小煤炱菌引起的煤烟病，与粉虱、木虱、蚜虫和蚧类等害虫发生关系不大之外，其余大多数煤炱菌都以上述害虫的

分泌物为营养，进行营养生长（形成新的霉层）和生殖生长（形成分生孢子器和闭囊壳）。因此，防治好这些害虫，本病的防治就迎刃而解了。

②加强栽培管理，改善通风透光条件，降低果园湿度。在多数情况下，可通过高压喷水洗去叶和果上的霉层，同时还可兼治红蜘蛛和锈壁虱。对柑橘小煤炱属的真菌引致的霉层，可喷65％代森锌可湿性粉剂 400～500 倍液或 95％机油乳剂 200～300 倍液防除。冬季清园时喷 95％机油乳剂 50～100 倍液。据粤西橘农介绍，冬季清园喷以下配方的混合液有兼治多种病虫的效果：50％代森铵 150 毫升、40％乐果乳油 50 毫升、5％尼索朗乳油 20 毫升、95％机油乳剂 150 毫升、水 50 千克。此混合药剂只可在春芽萌发前冬防时使用，而且是采果后隔 15 天以上方可使用，否则会引起药害落叶。此药可同时防除炭疽病、黄斑病、疮痂病、柑橘木虱、介壳虫、红蜘蛛及青苔等多种病虫害。

11. 柑橘树脂病

树脂病是国内分布较广的一种柑橘病害。在长江流域一带的柑橘产区，常造成较大为害。在两广多发生于高山上或山坑内的柑橘园和北部易受冻害的柑橘园。

（1）症状特征

①侵害枝干引致流胶和干枯。受害枝干，病部皮层组织呈灰褐色、水渍状坏死。患部症状，流胶还是干枯，取决于气温和湿度的高低。在气温暖和，湿度较大时，病部渗出黄褐色带恶臭味的胶液，干涸后呈树脂状附于病部表面，此为流胶型症状；在天气干燥的条件下，病部皮层呈红褐色坏死，干缩下陷，不流胶，成为干枯型症状。

无论流胶还是干枯，病部都可穿透皮层深入木质部。剖视木质部，可见受害部位呈灰褐色，在病健交界处有 1 条黄褐色至黑褐色病痕，此乃树脂病侵害枝干时的重要症状特征。

②侵害枝条引致枝枯。生长衰弱有虫伤口或受冻害的枝条，易受树脂病菌侵染，使病部皮层呈褐色、水渍状坏死。病部同时向上下扩展，使病部以上的枝梢干枯，枯枝表面散生无数小黑粒（病原菌的分生孢子器）。在病部下方，靠近病健交界处，常产生流胶，干涸后形成烛泪状树脂粒，附于病部表面，这与炭疽病引致的枝枯有明显的区别。

③侵害叶片、嫩梢和青果，引致砂皮症状。树脂病菌属弱寄生菌，侵染生长旺盛的组织时，只能对表面的几层细胞造成为害，在病部表面产生褐色至黑褐色硬胶质状的小粒，散生，或密集成片，触感粗糙，像表皮上沾有无数砂粒，故称之为砂皮病。

④侵染贮运期果实形成蒂腐（褐蒂腐）。参阅贮藏病害章节。

（2）发病规律

病菌在枯枝及病皮上越冬。在多雨潮湿时，病部的分生孢子器产生大量分生孢子，借风雨、昆虫传播，从伤口侵入。在适宜的温、湿度条件下，很快出现症状，并产生大量分生孢子，进行再侵染，引致枝枯、砂皮或褐蒂腐等各种为害症状。

树脂病菌为弱寄生菌，生长壮旺的植株，不易被侵染。树势衰弱，受冻害和伤害是诱发本病的主要因素。冬季严寒，枝干受冻害严重，次年的树脂病亦将发生严重。橘园管理不善，树势衰弱，虫伤，机械伤多，发病亦多。

（3）防治措施

①以农业防治为主。加强栽培管理，增强树势，防止冻害，是防治本病的最根本措施。

1）防止冬季冻害和夏季日灼伤。初冬气温下降前，进行培土或树干束草防寒。降温期间，必要时进行堆草熏烟防寒；夏季盛暑前用生石灰5千克，食盐0.25千克，水20千克配成白涂剂，涂刷树干，防止日灼伤害。

2）加强肥水管理，提高植株抗病力。施秋梢肥防止过迟和氮肥过量，避免秋梢期推迟，并刺激萌发晚秋梢或冬梢，也可避免延迟果熟期，降低植株抗寒能力。采收后要及时施肥，在霜冻之前橘园充分灌水1次，提高橘树抗寒能力。

3）切实抓好冬季清园。结合防治其他病虫，抓好收果后的清园工作。剪除树上的病枝、枯枝，清除地面的枯枝、落叶，减少病菌的初侵染来源。

②病树治疗。每年4～5月和8～9月，分别进行病树治疗。方法是先刮除枝干上的病组织，用1%硫酸铜溶液表面消毒，再涂以8%～10%冰醋酸，或20%多效霉素800～1 000倍液、50%托布津可湿性粉剂50倍液、1：1：10波尔多浆。每周涂1次，连涂2～3次，到8～9月，视田间树脂病的发生情况，再重复涂药1～2次。

③喷药保护防止砂皮和褐蒂腐发生。分别于春芽萌发期和幼果期，结合防治疮痂病、溃疡病和炭疽病各喷1次药。药剂可选用77%可杀得（或77%丰护安）600～800倍液或50%多菌灵100倍液、70%甲基托布津700倍液，喷雾防治。

12. 柑橘根结线虫病

柑橘根结线虫病，在华南的一些柑橘产区中常有发生。国内其他柑橘产区，如四川、福建、湖南的局部地方亦有发生。导致柑橘产生根瘤、根结（须根团）的线虫，除柑橘根结线虫外，还有花生根结线虫、闽南根结线虫、短小根结线虫等多种根结线虫。有时在同一柑橘园内，有两种以上的根结线虫组成混合种群进行侵染。

（1）症状特征

根瘤和须根团是本病最重要的症状特征。根结线虫侵入寄主的须根后，在根皮与中柱之间寄生，并刺激周围细胞增生形成大小不等的根瘤。根瘤初呈乳白色或奶黄色，后呈黄褐色至黑褐色。感染严重时，多数细根受害。被害的须根和根瘤周围长出许多小根，使根系盘结成团，成为须根团。须根团有时露出土面，或呈块状分布于土表下面。

病株地上部一般无明显特征，严重时引致树势衰弱，叶片发黄。病情加剧时，树冠出现干旱缺水症状，最后叶片干枯脱落，枝条枯萎，以至全株死亡。

（2）发病规律

①病原线虫主要以卵和雌虫在土壤或病根内越冬。借带病苗木作远程传播。流水、农具、人畜及带虫的肥料、土壤都有可能成为近距离传播媒介。

②在广东无论山地或水田柑橘园均可发生，而以通气良好的砂质土或沙壤土发病较重，红壤土和黏壤土发病较轻。

③可以侵染目前省内大多数的柑橘主栽品种（实生树），但感病程度有一定差异。其中以暗柳甜橙、雪柑、蕉柑、椪柑较感病，年橘和柚类发病较轻；砧木品种则以红橘、酸橘、红檬檬为严重感病的品种，枳类中度感病，酒饼勒是高抗根结线虫的砧木品种。

（3）防治方法

①培育和选种无病苗木。选无病原线虫的田块作苗圃地，开发和利用抗病或耐病性较强的砧木；执行严格的防疫措施，杜绝带有病原线虫的肥料、土壤、农具进入苗圃。苗木出圃时，必须仔细检查，杜绝带病苗木进入果园，以免后患。

②药剂防除。每年3月和7月上、中旬在新根生长前，每667米^{2}用10%克线磷颗粒剂5千克，拌细土15～20千克，配成毒土，撒于树冠下根际处。撒施前，先刨开树冠下3～5厘米的表土层，把毒土均匀撒入后再覆盖表土。

13. 柑橘膏药病

柑橘膏药病是由担子菌引致的病害。国内多数的柑橘产区都有分布。华南地区发生的主要是白色膏药病和褐色膏药病两种。

（1）症状特征

两种膏药病主要侵害枝干，有时也侵害叶片和果实。病原真菌在有介壳虫或其他昆虫分泌物的寄主表面生长繁衍，形成圆形或不规则形的绒状菌毡（病原菌的子实体）。白色膏药病子实体白色或灰白色，菌毡较结实，表面较光滑；褐色膏药病子实体褐色至栗褐色，表面呈毛绒状。子实体像膏药一样贴附于寄主表面，故称之为膏药病。

（2）发病规律

膏药病以菌丝体在病部越冬。翌年春末温暖、潮湿时，形成子实体，产生担孢子，借风雨、气流或昆虫传播，落在有介壳虫或蚜虫分泌物的枝干上，以昆虫的分泌物为营养，进行增殖繁衍，形成新的子实体。因此，凡蚧类、蚜虫严重发生的橘园，其发病也较严重。此外，荫蔽潮湿、树龄较老的果园，发病也较多。

（3）防治方法

①农业防治。加强栽培管理，增强树势，结合冬季清园，剪除带病枝条，并进行适当修剪，增加通风透光度，降低果园湿度。

②防治好介壳虫、蚜虫，恶化病菌的营养条件，减少侵染来源。介壳虫、蚜虫的防治方法，请参阅本书有关章节。

③波尔多食盐混合液喷雾。具体做法是每 50 千克 0.8％等量式波尔多液中加入 0.3 千克食盐，搅拌溶解后喷施。分别于 4～5 月和 9～10 月各喷 1 次。发病严重的果园，翌年春芽前再喷 1 次。

14. 柑橘传染性贮藏病害

柑橘传染性贮藏病害有多种。广东省最常见和为害最重的有青霉病、绿霉病、黑腐病、酸腐病、褐腐病、炭疽病、黑斑病和褐蒂腐病等。炭疽病果腐和褐腐病、黑斑病在前面的有关病害中已有阐述。

（1）症状特征

①青霉病和绿霉病。两病症状相似，开始皆为水渍状圆形病斑，病部果皮软腐，用手指轻压即破裂。病部长出白色霉层（菌丝体），随后在白色霉层中间，产生一层青色（青霉病）或绿色（绿霉病）粉状霉层（病原菌的子实体）。两种病的病部从中央到边缘的特征：中部为青色（或绿色）粉状霉层，其外为一圈白色霉带，再外是一圈水渍状软腐边缘。根据以下两点，可区分这两种病：1）中部的粉状霉层青色者是青霉病，霉层绿色者乃绿霉病；2）青霉病的白色霉带很窄，只有2～4毫米，呈粉状，无黏性，烂果不与包果纸粘连；绿霉病的白色霉带较宽阔，8～18毫米，带黏性，烂果与包果纸或纸箱粘连。

②黑腐病。受害果实，通常有黑心型和斑腐型两种症状类型。

1）黑心型。病菌在幼果期侵入，以菌丝体潜伏于果实中，到成熟期或贮藏期引致果腐。先是向果心扩展，使果心组织败坏，并产生大量初呈灰白色、后为深墨绿色至黑色的绒毛状霉。果实外表完好，无明显症状。但以指压之，可觉比健果松软。

2）斑腐型。病菌从果面任何部位的伤口侵入，果皮先发病，呈腐烂型病斑，外表症状明显。初期果皮上出现水渍状淡褐色至黑褐色、边缘不规则的病斑。空气潮湿时，病斑上长出初为灰白色、后变为墨绿色的菌丝体。剖视病果，可见内部果肉及果心变黑腐烂，产生墨绿色绒毛状霉。

黑腐病菌，有时还可侵染枝、叶。在叶片上形成灰白色多角形病斑。

③褐蒂腐病。是由柑橘树脂病菌侵害果实而引致的贮藏病害。病果开始时在蒂部周围出现淡褐色水渍状病斑，后变为褐色，以指压之有革质柔韧感。这种初期症状与炭疽病果十分相似，但褐蒂腐病的病变不限于果皮层，很快侵入果肉，并沿果心快速扩展，果心内充满白色菌丝体。菌丝体还蔓延于瓤瓣间及白

色的中果皮而使之变色。由于病害沿瓢瓣间的扩展比较快，使外果皮上的病部边缘呈波纹状。剖视病果，可见果心中轴部分已全部腐烂，直达脐部，而果皮大部分尚完好，果农称之为"穿心烂"。在高温、潮湿条件下，病果表面有时也长白色菌丝体，并形成灰褐色小粒点（病原菌分生孢子器）。

树脂病菌侵染枝、干时引起流胶（故有称之为流胶病）和干枯；侵害叶片、嫩梢和青果，引致砂皮，则称之为砂皮病（请参阅本书"柑橘树脂病"一节）。

④酸腐病。是由白地霉菌侵染引致的果腐。病原菌为伤痍寄生菌，绝少侵染青果，多从成熟或将成熟果的果面伤口侵入。被害果初呈水渍状斑点，扩大后稍凹陷，表面带皱褶的软腐斑，斑面长一层较致密的白色霉层（病原菌的子实体）。病部溃烂，流出淡褐色带酸臭味的液体。

⑤炭疽病果腐。炭疽病菌可侵染幼果、青果和成熟期的果实。贮运炭疽果腐，多为田间感染。贮藏期发病，多从果蒂或靠近果蒂部位开始，初呈淡褐色水渍状，后呈黄褐色至黑褐色环绕果蒂的病斑。斑面稍凹陷，革质，病健交界明显。初期病变仅限于皮层，果肉未受害，但在高温、高湿条件下导致全果腐烂。

（2）发病规律

①影响上述几种贮藏病害的最重要因素是果皮伤口。凡在生长期或采收、包装、运输和入库贮藏过程中，造成伤口越多，发病越重。尤其是青霉和绿霉病菌是典型的伤痍寄生菌，必须有伤口才能侵入。果实采收前树上靠地面的果如有伤口也可被侵染，引致田间青、绿霉果腐。

贮藏期贮库温度较高，湿度大，发病亦多。

②黑腐病、黑斑病和炭疽病的发生，还与品种及果园管理有关。一般宽皮柑橘类（如椪柑、蕉柑、大红柑、沙糖橘、贡柑和温州蜜柑）发病较重，甜橙类较轻。果园管理不善，树势衰弱，

园中枯枝、落叶多，害虫及虫伤口多，无冬季清园者，发病亦多。

（3）防治方法

防治贮藏期病害，从两个方面进行：一是果实生长期预防；二是采收、贮运期的防治。

①生长期预防措施。

1）加强栽培管理，增强树势。搞好冬季清园和果园卫生，减少病菌初侵染来源。注意及时防治害虫，减少虫伤口。

2）生长期喷药保护。历年来炭疽病、黑斑病和黑腐病发病较多的果园，4、5月和8、9月份各喷1次药。使用药剂可参照炭疽病、黑斑病的防治。若在果实成熟期采收前田间树上靠地面的果实发生青、绿霉病和褐腐病的果园，必须在果实着色时或病害始发时喷1次0.5%～0.8%等量式波尔多液与食盐混合液（每50千克波尔多液中加0.3千克食盐），7～10天再喷1次80%代森锰锌可湿性粉剂800倍液。

②采收、贮藏期的防治措施：

1）采收、包装、搬运、贮藏时尽量减少果皮损伤。

2）选择连续2天以上晴天后和露水干后采果。剪果时，采用"一果两剪"，使果柄剪断面与果面齐平，避免相互刺破表皮。采收期应定在果实七成转色时期，贮藏果比鲜销果应早7～10天采收。充分成熟或过度成熟均不耐贮藏。采收时注意剔除伤、病果及次果，分别放置。

3）库房及盛载用具消毒。库房消毒是在果实入库前7～10天进行。把门窗封闭，按每立方米容积用硫黄粉10克，加次氯酸钾1克，熏蒸消毒；或用40%福尔马林40倍溶液喷洒库房，用药量是每立方米容积喷40～50毫升。药剂处理后，密闭库房熏蒸3～4天，然后敞开通风3天，散去所有气味，再关闭门窗待用。

4）果实贮藏前防腐处理。采果当天用底部有孔可漏水的塑料筐，盛果浸入以下药液中之一种进行洗果处理：25％扑霉灵（施保克）乳油1 000倍液、45％特克多悬浮液1 000倍液、50％多菌灵可湿性粉剂800倍液。在以上药液中，按每10千克药液加2.5克2，4-D。浸果5～10秒钟。处理时注意经常搅动药液，勿使沉淀。药液必须每天换新。可按每50千克药液可处理1 000～1 500千克果实的比例配当天使用的药液。浸果后置于自然通风处晾干果面水分，用薄膜袋分小袋包装，或先置于通风换气良好的棚（室）内预贮3～5天，使之散热失水后再包装。然后置于木箱或塑料箱或高强度、耐压的纸箱中。每箱果实净重以10～15千克为宜。果箱在库内呈品字形堆放，箱与箱之间，箱与地之间各留10～15厘米间隙，堆与堆之间留1米宽通道，堆放好了便可进行常温贮藏。贮藏期间，每月翻果1次，剔除烂果和次果。同时，注意保持库房的温、湿度相对稳定，温度维持在4～12℃，相对湿度控制在80％～90％为宜。若库外气温高，则白天关闭所有门窗，夜晚开启以降低库温。湿度过低，可地面洒水，湿度太高，可在库内放置生石灰吸湿。

近年沙糖橘以带叶采收远运鲜销为主，无须入库贮藏。但为了保持果实新鲜度和叶片不易变色、脱落，仍须注意采果时轻剪轻放，减少伤口。采收果立即运回分级处理棚，进行人工分级。剔除病果、次果，装入有通气孔的塑料袋作内套的塑料箱内，即可装车调运。也可不用塑料袋，直接将橘果装入有去水孔的塑料箱内，然后用上述保鲜药液（2，4-D用量减少1/2～2/3）浸果3～5秒，即可装车调运。

（二）常见的害虫

1. 柑橘红蜘蛛

柑橘红蜘蛛，又名柑橘全爪螨、柑橘瘤皮红蜘蛛、柑橘红叶螨，属蜱螨目、叶螨科。主要为害叶片、嫩枝和果实的表皮。受害叶片出现无数灰白色斑点。除为害柑橘外，还为害数十种果树和观赏植物。

（1）识别特征

柑橘红蜘蛛除具有螨类的共同特征：即躯体分头胸部和腹部两大部分，腹部不分节。成螨、若螨有足 4 对，幼螨有足 3 对外，其体色为鲜红色或暗红色，背上有 10 对（雄螨）或 12 对（雌螨）瘤状突起，每个瘤突上着生 1 条白色刚毛，故称之为瘤皮红蜘蛛。

（2）发生与为害

柑橘红蜘蛛在广东 1 年发生 15～20 代。若 5～10 月份气温高，雨量少，年发生可达 20～25 代。田间世代重叠。

红蜘蛛每年 4～6 月和 9～11 月出现两个为害高峰，分别为害春梢和秋梢。每年 4 月初和 9 月初，必须加强田间螨害动态调查。若平均每叶活动螨（成螨、若螨、幼螨）达 3 头以上，或者定期全面巡视橘园一遍，注意观察树冠中、上部，东南方向和顶部新梢，当发现部分新梢叶片，开始出现红蜘蛛为害状的"花点"，就应进行喷药挑治中心虫株或局部分片防治。若全园普遍发生则进行全园普治。

（3）防治措施

防治红蜘蛛，应采用综合防治，其要点是：

①冬防。结合其他病虫的防治，收果后过 15 天待橘树恢复生理平衡，并进行冬季修剪清园之后，全面喷 1 次 0.8～1 波美度石硫合剂加 0.1%洗衣粉混合液，或喷 95%机油乳剂 50～100倍液，为害严重的园春芽萌动时再喷 1 次 5%尼索朗乳油1 000～2 000倍液。

②加强栽培防治，增加天敌的种群数量。红蜘蛛的天敌种类甚多，有捕食螨、草蛉、蓟马、瓢虫和寄生菌类等。其中芽枝霉和多种钝绥螨都能长期有效地控制红蜘蛛的为害，应好好注意保护和利用天敌的自然控制作用。在果园内播种藿香蓟（胜红蓟）、

紫苏等浅根草本植物，保持果园湿润，为天敌提供良好的栖息场所。防治病虫时尽量做到合理用药、科学用药，少用或不用对天敌杀伤力强的农药（如有机磷类和拟除虫菊酯类）。必要时从园外采集有捕食螨栖息的草本植物（如藿香蓟、皱叶狗尾草等），挂于柑橘树上，增加天敌的数量，使天敌、害螨两者达到动态平衡。

人工释放捕食螨，是生物防治的直接利用。但在柑橘黄龙病严重为害的区域内，必须协调好对柑橘木虱的防治，以免因小失大，招致成片柑橘园被毁灭的命运。

③抓好春梢、秋梢两个为害高峰期前的化学防治。根据每次高峰期前螨害动态调查结果而确定首次喷药时间，并尽量选用对天敌杀伤力低的农药。喷药时必须叶面、叶背均匀喷到，以及必须连续施药2～3次，以杀死残留的成螨、若螨和新孵的幼螨，才能维持较长的防效。

在春梢和秋梢，红蜘蛛发生高峰期前夕，交替施用以下药剂，进行挑治或分片治，隔7～10天喷1次，连喷2～3次。

1）24％螨危（螺螨酯）悬浮剂4 000～6 000倍液。

2）20％哒螨酮（哒螨灵）可湿性粉剂3 000～4 000倍液。

3）20％双甲脒乳油1 000～1 500倍液。

4）95％机油乳剂100～200倍液（夏、秋季气温高时用200～300倍液）。

5）10％阿波罗（四螨嗪）可湿性粉剂1 000～2 000倍液。

6）50％溴螨酯（螨代治）乳油1 000～2 000倍液。

7）5％尼索朗乳油2 000～3 000倍液（宜在气温较低时使用）。

8）25％三唑锡（倍乐霸）可湿性粉剂1 000～2 000倍液。

2. 柑橘锈蜘蛛

柑橘锈蜘蛛，又称锈壁虱、锈螨，属蜱螨目，瘿螨科。主要为害果实、叶片、嫩枝。果实被害初期呈灰绿色，失去光泽，后变成紫红色或黑褐色，严重时果皮表面细胞被破坏成扁平状，并木栓化，出现许多网状裂纹，形成黑皮果。叶片受害在叶背出现许多赤褐色小斑点或紫褐色网状纹，易引致落叶。

（1）识别特征

体甚微小，成虫体长 0.1～0.15 毫米。虫体前端宽大，后端尖细，呈胡萝卜形。体色淡黄或橙黄色。头小，向前伸出。头胸部腹面有足 2 对。腹部密生环纹。腹面和背面环纹不相等，背面环纹 28～32 个，腹面环纹为背面的 2 倍。腹末端有伪足 1 对和长尾毛 1 对。

（2）发生与为害

锈蜘蛛在广东大部分地区年发生 24 代以上，有世代重叠现象。2 月至 3 月上旬越冬后的锈螨，主要集中在树冠中、下部阴枝叶片上为害，3 月中旬转移为害春梢。4 月气温较高，繁殖加快。4 月下旬开始从春梢叶片转移至幼果上为害，开始出现黑皮果。6 月开始，随着气温持续升高，繁殖更快，世代历期缩短，6～10 月份平均每月完成 3 个世代，尤其是 7、8 两个月，虫口密度最高，为害最猖獗，防治不当，将引致大量黑皮果。8 月下旬以后，逐渐转移至秋梢上为害。

（3）防治方法

每年 6～10 月是防治锈螨的关键时期，必须及时掌握其发生动态，以便早防早治。从 5 月份开始，定期每周巡视果园 1 次，当发现春梢叶背有铁锈色，或树冠东南方向有个别果实出现铁锈色或有灰黄白色粉状物散布时，必须抓紧防治，严格控制锈螨上果为害。

当锈蜘蛛从新梢叶片转至果实上为害时，交替喷施以下药剂防治，隔 7～10 天 1 次，连喷 2～3 次（可与防治红蜘蛛和其他害虫结合进行）。

1）25％三唑锡（信乐霸）可湿性粉剂 1 000～2 000 倍液。

2）80％代森锰锌（大生）可湿性粉剂 800～1 000 倍液。

3）95％机油乳剂 100～300 倍液。

4）65％代森锌可湿性粉剂 600～800 倍液。

5）也可用哒螨酮、双甲脒、溴螨酯等叶螨、锈螨兼治的药剂（用法、用量参照红蜘蛛防治）。

农业防治和保护、利用天敌，也与防治红蜘蛛基本相同。

3. 柑橘跗线螨

柑橘跗线螨又名侧多食跗线螨，为害茶树时称为茶黄螨，属跗线螨科。

（1）识别特征

跗线螨体型较红蜘蛛小，比锈蜘蛛略大。雌成螨体呈椭圆形，长约 0.2 毫米，雄成螨近六角形长约 0.1 毫米，初为淡黄色，后为淡橙黄色。

（2）发生与为害

跗线螨主要为害柑橘嫩芽、嫩梢、嫩叶和果实，尤其苗期和幼龄树受害较重。嫩芽受害引致组织增生，呈花椰菜状，不能抽生。为害嫩梢，使梢茎表皮破损，形成灰白色或灰褐色长条形斑块，斑面上常产生横向裂纹，为害严重时使嫩梢扭曲畸形。嫩叶受害，使叶肉纵向皱缩，叶面变狭窄，如柳叶状，叶肉变厚而硬脆，叶片失去光泽。幼果受害，果皮破损，被害处产生灰褐色或银灰色疤痕，被害状有些像蓟马为害，影响果实外观，降低商品价值。

跗线螨在高温、高湿条件下，繁殖快，世代历程短，4～5天可完成一个世代。在南亚热带地区年发生超过 30 代。所以，处于高温、多雨季节的夏、秋梢和温室、网室及大棚内的幼树、苗木的春、夏梢发生较重。广州地区温室、网室内或四周被高山密林包围的高湿、闷热的苗地，每年 4 月上、中旬春梢开始受害，5、6 月份随着气温升高，雨量增多，为害加重，尤其是红檬檬和红橘砧木苗受害严重，受害株的腋芽呈癌瘤状，失去抽发生长能力。

（3）防治方法

　　蚧线螨的防治与防治红蜘蛛基本相同，但必须更注重于对夏、秋梢和幼果至果实膨大期的防治，必须及时施药。交替用以下药剂喷施，隔7～10天1次，连喷2次。

　　1）20%哒螨酮可湿性粉剂2 000～3 000倍液。

　　2）25%三唑锡可湿性粉剂1 500～2 000倍液。

　　3）0.3～0.4波美度石硫合剂。

　　4）20%双甲脒（螨克）乳油1 000～1 300倍液。

4. 柑橘粉虱类

　　为害柑橘属的粉虱种类繁多，全世界记录74种，国内已知20种。常见于广东为害的有黑刺粉虱、橘裸粉虱（柑橘粉虱）、云翅粉虱（柑橘绿粉虱）、姬粉虱（吉氏伯粉虱）和马氏粉虱（四川粉虱、黑粉虱）等。其中发生最多，为害最重的是黑刺粉虱和橘裸粉虱。

（1）识别特征

　　①黑刺粉虱。成虫体长1～1.3毫米，橙黄色，薄被白粉，前翅褐紫色，有7个不规则白斑。蛹壳黑色，椭圆形，有蜡质光泽，周围有颇宽的白色蜡质边缘。蛹壳背面有长刺，背盘区胸部有刺毛9对，腹部有10对，亚缘区有10～11对。蛹壳黑色，周围一圈白色蜡质边缘，其背面有长刺，乃黑刺粉虱蛹壳的特征。

　　②橘裸粉虱。又称柑橘粉虱。成虫体长0.9～1.2毫米，淡黄色，被白色蜡粉。翅半透明，亦被白色蜡粉。蛹壳近椭圆形，淡黄色，透明，成虫未羽化前，可以透见虫体，羽化后，蛹壳呈白色，透明。蛹壳背面无刺毛，仅在前后两端各有1对极小刺毛，以及背盘区密布网状皱纹。

　　柑橘粉虱类主要为害叶片。群聚于叶背取食，排泄蜜露，诱发煤烟病，影响叶片光合作用。

（2）防治措施

柑橘粉虱类害虫的防治策略是以栽培防治和保护天敌为基础，结合发生期化学防除。

①农业防治。

1）冬春季清园。剪除树冠内膛下部的郁闭枝条，过分密闭的果园，夏季也要作适度修剪，剪除冬梢和受潜叶蛾为害的病虫梢，改善果园通风透光性，恶化害虫的营养条件和栖息环境。清园后，结合防治其他病虫，喷施 0.6～0.8 波美度石硫合剂或 45％晶体石硫合剂 200～300 倍液 1 次。

2）加强肥水管理，做好促梢、放梢、摘芽控梢工作。结合防治柑橘潜叶蛾，除保留少数夏梢诱虫产卵后集中烧毁外，成年树全园摘除夏梢，减少害虫产卵场所和恶化其食料条件。

②生物防治。保护和利用天敌的自然控制作用，柑橘粉虱类的天敌甚多，寄生蜂类有蚜小蜂、跳小蜂等，粉虱寡节小蜂和刺粉虱黑蜂对黑刺粉虱的寄生率颇高。此外，还有瓢虫、草蛉和花蝽等捕食性昆虫。寄生菌类也很普遍，粉虱座壳孢菌对柑橘粉虱也有一定的自然控制作用。在多雨、雾重的潮湿天气中，可采集带有粉虱座壳孢菌橙红色垫状子座或黄色垫状子座（扁座壳孢菌）的叶片，分散挂放于其他有橘裸粉虱发生的柑橘树上。也可以采集一定数量的寄生菌子座，加水搅拌，洗出孢子，滤去粗渣，再加适量水，制成孢子悬浮液，用手提喷雾器，分散喷于粉虱发生较多的柑橘园中，帮助寄生菌扩散和寄生。修剪时注意保留有粉虱座壳孢菌的枝叶。

在防治病虫害时，尽量不用或少用铜素杀菌剂和剧毒有机磷类杀虫剂，以保护天敌。

③做好联防。相互毗连的橘园，应组织群防群治，于同一时间进行联防，减少防治空档。

④化学防治。广州地区柑橘粉虱以老熟幼虫和蛹越冬，3月初已有第一代成虫出现。而防治粉虱，必须抓紧在 3～5 月第一、

二代和 7～8 月第四、五代幼虫盛发期进行化学防治。可交替施用以下药剂：

　　1）10％吡虫啉可湿性粉剂 2 000 倍液。

　　2）25％扑虱灵可湿性粉剂 1 500～2 000 倍液。

　　3）95％机油乳剂 100～200 倍液。

　　4）40％速扑杀乳油或 40％乐斯本乳油 1 000～2 000 倍液（若加 95％机油乳剂 200～300 倍液混施其防效更佳）。

5. 柑橘木虱

　　柑橘木虱是柑橘新梢期的重要害虫，也是柑橘黄龙病的传病媒介昆虫，是黄龙病田间自然蔓延和流行的决定性因素之一。柑橘木虱在病树吸食 24 小时可带病，经过 3～28 天的循回期就可获得传病能力，并终生都可传病。

　　（1）识别特征

　　柑橘木虱成虫从头顶到翅端长约 3 毫米。全身青黑色，有灰褐色斑纹。从背面观之，头顶突出如剪刀状。翅半透明，翅之前缘及外缘呈褐色，翅中央有不规则的黑褐色小点散布。成虫在寄主表面取食或栖息时，体与寄主表面约呈 45°角。5 龄若虫，体呈龟形，长约 1.6 毫米，土黄色或黄褐色，体背有黄色斑纹与黑色斑块相间。腹部末端数节周围有尖刺，并分泌蜡丝。

　　（2）发生与为害

　　柑橘木虱在广东年发生 5～7 代，世代历期为 30～120 天。可通过卵、若虫和成虫 3 种虫态越冬。喜于通风向阳、气候稍干燥的树上取食和栖息，通常已大量落叶的黄龙病树上虫口密度最大。柑橘木虱只产卵于嫩芽或嫩梢尚未开展的嫩叶上，芽长 0.5～3.0 厘米时，含卵量最多。若虫孵出后就在新梢上为害，使新梢萎缩，新叶畸形卷曲，并排出白色蜡丝，易引起煤烟病。

　　（3）防治措施

　　柑橘木虱的防治，主要是抓好越冬期和各次新梢期的防治。

1）冬季清园修剪时，剪除所有冬梢，挖除黄龙病树。清园后结合防治其他害虫，喷施 1 次 95％机油乳剂 100 倍液或松碱合剂 15～20 倍液。

2）柑橘黄龙病为害区域内，春梢长达 3～5 厘米时，不论橘园内是否发现有木虱为害，都必须喷 1 次 40％乐果乳油800～1 500倍液，若发现有木虱为害，则隔 7～10 天加喷 1 次。

3）夏、秋梢期的栽培防治。成年结果树，结合保果摘除所有夏梢。要放夏、秋梢时，放梢前做好肥水管理，并采取"去零留整，去早留齐"的摘芽促梢措施，使放梢整齐，恶化害虫的营养和产卵条件，缩短对新梢的保护期。

4）抓紧夏、秋梢期的喷药防治。当新梢长达 1～2 厘米时，结合防治潜叶蛾，喷施 1 次 10％吡虫啉可湿性粉剂 1 000～2 000倍液，其后隔 7～10 天再喷 1 次 25％杀虫双水剂 600～800 倍液，或结合防治害螨喷 1 次 20％双甲脒（螨克）乳油1 000～1 500倍液。

6. 柑橘介壳虫类

华南地区为害柑橘的介壳虫种类很多，包含 4 科 36 个种。其中发生较普遍，为害较大的有吹绵蚧、堆粉蚧、柑橘粉蚧、褐圆蚧、红圆蚧、糠片蚧、黑点蚧和矢尖蚧等。

广东发生较普遍，为害较大的有吹绵蚧、堆粉蚧、褐圆蚧和矢尖蚧。

（1）识别特征

①吹绵蚧属同翅目绵蚧科。雌成虫头、胸、腹无明显分界，体呈椭圆形，橘红色。腹扁平，背面隆起，如龟甲形。腹部后方有白色卵囊，呈半卵形，表面有 15 条纵线。

②堆粉蚧属粉蚧科。雌成虫体黑紫色，体被黄白色很厚的蜡粉。每一环节背面之蜡粉，分成四堆，横向排列，由前至后呈四行纵向排列。体缘周围的蜡丝粗短，体末 1 对较长，显著突出，

其末端渐尖削。雌成虫后期长出白色略带淡黄色的蜡质绵状卵囊。

③褐圆蚧属盾蚧科。雌成虫介壳圆形，紫褐色，边缘为灰褐色，中央隆起，周围近边缘略斜低。壳面环纹明显，介壳形状如草帽。壳点黄色或黄褐色，位于介壳中央，状如帽顶。

④矢尖蚧又名箭形纵脊介壳虫，属盾蚧科。雌成虫介壳紫褐色或黄褐色，前狭后宽，呈箭头形。盾壳中央有1条隆起的纵脊，两侧有向前斜伸的横纹，形似箭。雌虫喜分散定居；雄体若虫在壳点后长出3束白色蜡絮状介壳，并逐渐连成一体，形成有3条纵脊的介壳，覆盖整个虫体。雄虫喜聚居于叶背。

（2）发生与为害

吹绵蚧在广东一年发生3～4代。以各种虫态越冬。但在冬季仍可继续发育。每年4、5月为发生高峰期。

堆粉蚧在广东一年发生5～6代，田间世代重叠。3月下旬和5月上旬分别为第一代、第二代卵囊形成。卵陆续孵化成若虫，成群聚集为害果蒂，使果蒂附近果皮肿胀畸形，引致落果。每年5月和11月是第二代和第六代若虫盛发期，是田间虫口密度最大的两个时期，分别对春梢、青果和秋梢造成严重为害。

褐圆蚧在华南地区，年发生5～6代，有世代重叠。以若虫越冬。3～4月份为第一代若虫发生期。主要以第三代为害果实，应注意田间虫情动态，争取在害虫爬行期消灭之。以秋、冬季为害较烈，主要为害叶、果，甚少为害枝条。不同柑橘种类，受害程度不同。甜橙类受害最重，柑类、橘类、柠檬和柚类次之，金柑类受害较少。

矢尖蚧在广东一年发生3～4代。多以雌成虫越冬。3月上、中旬，日均温上升到20℃以上时，越冬雌虫开始产卵。4月下旬至5月上旬，为第一代1、2龄若虫的盛发期，也是药剂防治的最佳时期。

（3）防治措施

介壳虫的防治，以农业防治、生态防治为基础，以化学防除为辅。

①修剪清园，降低虫源基数，改善果园生态环境。通过春、夏、秋、冬四季不同栽培要求的修剪，结合剪除虫口密度大的枝条，减少虫源，增加通风透光性。

②保护和利用天敌。介壳虫的自然天敌很多，单天敌昆虫就有 9 目 24 科，数十种。其中膜翅目的寄生蜂和鞘翅目的瓢甲科昆虫最为重要。脉翅目草蛉科的大草蛉，蛇蛉目的蛇蛉，半翅目的猎蝽科和花蝽科，螳螂目的螳螂科的多种捕食性昆虫，以及双翅目的寄生蝇等，都是重要的天敌昆虫。保护天敌的措施：

1）修剪下的枝叶，先放于柑橘树行间，让天敌回迁树上后再集中烧毁。

2）选择天敌隐蔽期喷药，减少对天敌杀伤。

3）尽量不用或少用对天敌杀伤强的农药，如施用农药应加大稀释倍数与机油乳剂混合使用保证防效。同时，抓好预测预报和田间各种害虫动态调查，采用挑治、分片治，避免全面喷药。必须全面施药时，也要争取 1 次用药可兼治几种害虫，减少喷药次数。

③化学防除。加强预测，掌握虫情，抓紧在 1～2 龄若虫盛发期喷药。适用的药剂：

1）95％机油乳剂 50～200 倍液（高温季节慎用或用 200～300 倍液）。

2）40％速扑杀（杀扑磷）乳油 1 000～2 000 倍液。

3）25％亚胺硫磷乳油 600 倍液。

4）25％喹硫磷乳油 600～1 000 倍液。

5）25％噻嗪酮可湿性粉剂 1 000～2 000 倍液。

6）40％乐果乳油 800～1 500 倍液。

上列 6 种药剂的稀浓度药液中加入 0.5％～2％（即 50～200

倍液）机油乳剂的混合液，其防效更佳。冬、春季使用时可加
1％～2％机油乳剂，夏、秋季气温较高时宜用 0.5％或更稀
一些。

7. 柑橘潜叶蛾

潜叶蛾以幼虫为害柑橘夏、秋梢的嫩叶、嫩枝。幼虫在叶片
表皮下取食，形成弯曲的虫道。其为害造成的伤口有利于柑橘溃
疡病菌的侵染。

（1）识别特征

成虫体长约 2 毫米的白色小蛾，体及前、后翅均为银白色。
前翅狭长，翅基部有两条黑褐色纵纹，翅中部有一丫字形黑纹，
近端部有一圆形黑点。后翅针叶形，缘毛较前翅的长。

幼虫体扁平，长纺锤形，黄绿色，头部尖，足退化，腹末端
尖细，具有 1 对较细长的尾状突起。

（2）发生规律

影响潜叶蛾发生量的最重要因素是气温和食物。在适宜的气
温（27～29℃）和充足的食料（嫩叶）的情况下，平均一个世代
历期只需 13～16 天。因此，清明后抽出的迟春梢或早夏梢，若
不及时摘除，就可能使田间虫口数量剧增，将对留取夏梢的幼龄
树造成严重为害，并累积大量虫源威胁秋梢。因此，在适于潜叶
蛾生存繁殖气温条件的 5、6 月份，夏梢的萌发期是防治潜叶蛾
的重要时期。

（3）防治措施

①摘芽控梢，促放夏梢。需留夏梢的幼龄树和以夏梢更新树
冠的成年树，应采用控夏梢防虫的办法。即在摘除晚春梢、早夏
梢的基础上，加强肥水管理，在 5 月上、中旬施 1 次速效肥，使
之在 5 月下旬至 6 月上旬统一放夏梢。当梢长 1～2 厘米时，喷
第一次药保梢。

②不需要留夏梢的结果树，每隔 5～7 天摘梢 1 次，摘除全

部晚春梢和夏梢。也可摘除全部晚春梢后，用控梢素控制夏梢（控梢方法参阅本书有关章节）。到 7 月中、下旬（放秋梢前15～20 天）施 1 次攻梢肥，并开始定期检查新长夏梢顶部 3～5 片嫩叶，若潜叶蛾的卵或低龄幼虫数量由多变少，而此时白天田间气温又持续在 35℃ 以上，表明正是潜叶蛾产卵的低峰期，立即摘除全部嫩梢，并采取灌水和追肥等措施，力争在大暑至立秋这段时间，统一放出秋梢。这样可少喷 1～2 次药，甚至不必喷药防虫。

③药剂防治。若不能把握在潜叶蛾产卵低峰期放秋梢者，亦应采用摘芽控梢，施肥促梢，令新梢抽发整齐，在缩短嫩梢受害期的基础上，进行药剂防治。当嫩梢长达 1～2 厘米时喷第一次药，以后隔 7～10 天再喷 1 次，连喷 2～3 次。可选用以下药剂，在傍晚 18～20 时喷施，可杀灭夜出产卵的成虫。

1）10％吡虫啉可湿性粉剂 2 000～3 000 倍液。

2）20％除虫脲悬浮剂 2 000～3 000 倍液。

3）2.5％氟氯氰菊酯（百树得）乳油 4 000～6 000 倍液。

4）10％氯氰菊酯乳油 2 000～4 000 倍液。

5）25％杀虫双水剂 600～800 倍液（6～10 月份宜用 700～800 倍液）。

6）20％甲氰菊酯（灭扫利）乳油 5 000～10 000 倍液。

果园螨害比较严重的，不宜连续喷施菊酯类农药。

8. 柑橘蚜虫类

为害柑橘的蚜虫有多种。其中最主要的有棉蚜、桃蚜、橘蚜、橘二叉蚜和绣线菊蚜等 5 种。华南地区为害最大的是棉蚜和橘蚜。

（1）识别特征

棉蚜和橘蚜都属同翅目蚜科昆虫，都可营孤雌生殖和两性生殖。

①棉蚜。有翅孤雌胎生蚜和无翅孤雌胎生蚜，其体形相似，体长 1.2～1.9 毫米，体为绿色、深绿色或淡黄色。第六腹节背板后缘两侧伸出 1 对腹管，腹管黑色，圆筒形，基部略宽，表面有瓦棱纹；尾片青色或黑色，两侧各有 3 根长毛。

②橘蚜。无翅孤雌胎生雌蚜和有翅孤雌胎生雌蚜体形相似，体长约 1.3 毫米，全体黑色。无翅雄蚜体形与无翅雌蚜相似，但体为深褐色。橘蚜腹管黑色，圆管形。尾片呈乳突状，两侧各有 7 根长毛。

（2）发生与为害

蚜虫繁殖力极强，一年四季都可用孤雌繁殖后代，无滞育现象，世代重叠。在广东年发生 20 代以上。棉蚜在北温带地区（如长江流域），多以有性卵越冬，只有西南地区可同时以卵、若虫和成虫越冬，在广东只见若虫和成虫越冬，未见以卵越冬。

为害柑橘的蚜虫，多为外来虫源，当 3～4 月春梢生长期，蚜虫从其他寄主上迁入柑橘园为害，导致 4 月下旬至 5 月中旬的为害高峰。夏季气温升高，虽然使发育历期缩短，但天敌和台风雨增加，死亡率也高，故 6～9 月份发生与为害下降。10 月份以后，气温回落，其繁殖增加，出现 10～11 月份为害高峰。蚜虫在柑橘树上全年都有发生，但以春、秋两个梢期受害最为严重，防治重点是保护这两次新梢。

橘蚜和橘二叉蚜不仅为害柑橘诱发煤烟病，而且还是传播柑橘衰退病的媒介昆虫。

（3）防治方法

①保护天敌。柑橘蚜虫的天敌种类很多，共有 20 多种。其中瓢虫类就有 7～8 种。此外，草蛉、食蚜蝇、食虫蝽和寄生蜂、寄生菌等，对蚜虫都可起到一定的抑制作用，应注意加以保护利用。

②及时剪除有蚜枝梢和不需保留的新梢，减少虫口基数。

③化学防治。当新梢蚜害率达 25%，而天敌的数量不多时，

就要喷药防除，隔 5～7 天后再喷 1 次，连喷 2 次。可选用以下药剂：

　　1）40％乐果乳油或 80％敌敌畏乳油 800～1 000 倍液。

　　2）10％吡虫啉可湿性粉剂 2 000～4 000 倍液。

　　3）20％好年冬乳油 2 000～4 000 倍液。

　　4）25％喹硫磷乳油 600～1 000 倍液。

　　5）50％抗蚜威（辟蚜雾）可湿性粉剂 2 000～3 000 倍液。

9. 柑橘凤蝶类

　　为害柑橘的凤蝶，在广东发生的有 8 种，均属鳞翅目凤蝶科害虫。其中发生最普遍，为害较大的有柑橘凤蝶（又称橘黄凤蝶、金凤蝶）和玉带凤蝶。

　　（1）识别特征

　　①柑橘凤蝶。成虫，前翅黑色，近三角形，外缘有 8 个淡黄色新月形斑，翅中央有 8 个淡黄白色斑，从前缘至后缘，从小至大呈一行排列。后翅黑色，外缘有 6 个新月形淡黄白色斑，臀角上有 1 个橙黄色圆纹。初孵幼虫黑褐色，鸟粪状，3 龄幼虫腹背中央有多个白色 X 斑呈纵行排列；成熟幼虫绿色，前胸背面有一橙黄色丫形翻缩腺。后胸背面有黑线组成的圆形斑或齿状纹，两侧各有 1 个黑色椭圆形眼斑。

　　②玉带凤蝶。雄蝶成虫体、翅黑色，前翅外缘有黄白色斑点 7 或 9 个，后翅中部有 7 个黄白色斑。黄白斑横贯前后翅，形似玉带；雌蝶体、翅黑色，前翅无斑点，后翅常有深红色半月形斑点数个。初孵幼虫黄白色，老熟时绿色。后胸背前缘有一齿状纹，两侧各有一黑色椭圆形眼斑，第一腹节背面后缘亦有一列齿状纹。第四、五腹节两侧有黑褐色斜纹，延伸至第五节背面不相接，第六节两侧亦有黑褐色短斜纹。

　　（2）发生与为害

　　两种凤蝶生活习性与为害情况相似。一年发生 5～6 代。以蛹越冬。次年 3、4 月开始羽化为成虫，在田间飞舞、采蜜、交尾、产卵。卵散产，边飞边产，每片嫩叶多数只产 1 卵，多产于叶尖或叶缘。卵期 5～7 天。幼虫孵出后，就在嫩叶上取食。随着虫龄增大，食量增加。1 头 5 龄玉带凤蝶幼虫，一夜能吃 5～6 片叶，虫口密度大时，对新梢为害极大。

凤蝶的卵和蛹常被寄生蜂（如金黄小蜂、大腿小蜂、赤眼蜂）寄生，对其为害有一定抑制作用，对天敌应加以保护。

（3）防治方法

①人工捕杀和保护天敌。在上午 7～10 时，当成虫飞出采蜜或交尾时网捕成虫；新梢期捕杀嫩叶上的卵、幼虫和枝梢上的蛹。但注意保留已被天敌寄生的卵和蛹。

②药剂防治。当田间有大量幼虫为害时，可喷以下药剂防治：

1）90％敌百虫晶体 800～1 000 倍液。

2）25％杀虫双水剂 600～800 倍液。

3）20％灭扫利乳油 3 000～4 000 倍液。

4）10％吡虫啉可湿性粉剂 3 000 倍液。

10. 柑橘天牛类

为害柑橘的天牛主要有星天牛、橘褐天牛、柑橘枝天牛（光盾绿天牛、吹箫虫）3 种。

（1）识别特征

①星天牛。成虫体长 19～39 毫米，漆黑色，有金属光泽。鞘翅基部密布大小不一的颗粒，翅面其余部分则较平滑。每一黑色翅面上约有 20 个由白色绒毛组成的小斑，外观如夜空中的繁星，故名星天牛。

②橘褐天牛。成虫体长 26～51 毫米，体黑褐色，有光泽，被灰黄色短绒毛。鞘翅刻点细密，肩部隆起。前胸宽大于长，背面呈密而不规则脑状皱褶。

③柑橘枝天牛。成虫体长 24～27 毫米，墨绿色，有光泽；腹面绿色，被银灰色绒毛。足和触角深蓝色或黑紫色。头部、鞘翅、触角的柄节和足的腿节上均布满细密的刻点。

（2）发生与为害

①星天牛。在华南地区 1 年发生 1 代。以幼虫在隧道内越冬。翌年 4 月中、下旬化蛹，5 月上、中旬羽化为成虫。成虫于晴天中午活动、交尾、产卵，午后高温时则停息于树枝上或地面杂草间。卵多产于离地面 30 厘米以内的树干基部，少数产于 30～60 厘米高处。产卵前雌虫先将树皮咬成呈 T 形或 r 形伤口，卵产其中。产卵处皮层常隆起裂开，表面湿润，或流出树脂状泡沫。幼虫孵化后，先在产卵处附近的皮下蛀食，其后向下在主干基部皮层迂回蛀食。约经 2 个月后始转入根颈木质部蛀食，排出虫粪和木屑。在蛀入木质部之前是钩杀幼虫的最佳时期。

②橘褐天牛。华南地区两年完成一个世代。广东每年 4～8 月均有成虫活动。成虫多在傍晚时活动，白天也能爬行于树干产卵。卵多产于树干伤口、旧蛀洞口边缘，或树皮裂缝凹陷处。产卵部位，从主干距地面 30 厘米处开始，到 3 米高的侧枝都有分布。以主干与一级分枝的分杈处，密度最大。初孵幼虫所在部位的树皮，常现流胶。幼虫在皮层下蛀食 1～3 周后体长达 10～15 毫米时，开始蛀入木质部。

③柑橘枝天牛。在华南地区 1 年发生 1 代。成虫 4 月开始出现，5～6 月盛发。成虫多在白天活动，傍晚后栖息不活动。雌虫多在中午产卵。卵产于枝梢分杈处或顶梢叶腋处。幼虫孵化数日后即蛀入枝条内，先向上，后向下蛀食，每隔一段距离，向外开一排泄孔，排出虫粪和木屑。受害枝条有多个排泄孔，状如箫管，故名之为吹箫天牛。幼虫在蛀道内，上下蠕动迅速，不易钩杀。

（3）防治措施

主要是采用人工捕杀和药物毒杀。

①人工捕杀。

1）捕杀成虫。于晴天中午前后，捕杀树冠顶梢分权处的枝梢天牛和树干基部的星天牛。捕杀褐天牛，则选晴天闷热的傍晚捕杀栖于树干及主枝干上的成虫。

2）捕杀卵粒和在皮层下蛀食的低龄幼虫。从天牛产卵期开始，定期巡视果园，注意树干上有泡沫状胶液分泌的地方，用小刀刮或压破卵粒。若树干基部地面有木屑状虫粪，表明幼虫已在树皮下蛀食，立即用钢丝钩杀之。若树冠上有枝梢萎蔫、叶片枯黄，此乃枝梢天牛在枝条内蛀食，应及时从最下面一个排泄孔以下5～10厘米处把被害枝剪下烧毁。

②药物毒杀。

1）注药毒杀幼虫。当幼虫已蛀入木质部，难于钩杀时，用20或30毫升兽用注射器（除去金属针头，换成塑料小管）吸取80%敌敌畏乳油10～20倍液或40%乐果乳油20～30倍液，注入虫孔内，每孔注1～2毫升。注后用黏土封闭孔口。对已经向下蛀入较大枝条的枝天牛，可在由下至上倒数第三个排泄孔注药液，同时用黏土封闭枝条上的所有孔位。

2）树干喷药。5月下旬星天牛产卵高峰初期，用80%敌敌畏乳油100～200倍液喷射从地面主干与第一级分枝的分权处。隔10～15天再喷1次，连喷2～3次。

3）树干涂白。用生石灰30千克、食盐0.5千克、硫黄粉0.5千克、80%敌敌畏乳油0.25千克、植物油0.2千克、水50千克，充分混合搅拌成糊状，于5月上旬天牛产卵前涂于树干基部。若要兼防橘褐天牛，则要涂至主干与主枝分枝处。40～50天后再涂一次，连涂2次。

11. 柑橘吸果夜蛾类

为害柑橘的吸果夜蛾种类繁多，据国内各地不完全统计，多达50多种。在广东发生的有52种。其中嘴壶夜蛾发生量最多，为优势种，在山区、半山区果园其发生量常占吸果夜蛾种群数量的80％以上。嘴壶夜蛾属嗜健果类型，其为害性更大。下面就以此为代表，剖析吸果夜蛾类的发生和防治。

（1）识别特征

嘴壶夜蛾成虫体长17～20毫米，雌虫前翅茶褐色，有N形花纹，后缘呈缺刻状。成熟幼虫，体长30～50毫米，体漆黑色，各体节背面两侧有黄色斑。

（2）发生与为害

嘴壶夜蛾年发生5～6代（广州地区发生5代），世代重叠。主要以幼虫，少数以蛹在寄主植物或松土下越冬。幼虫食性较单一，在广州地区只为害粉防己（石蟾蜍）和木防己两种野生寄主，未见有其他寄主植物。

嘴壶夜蛾的季节消长，属于秋季大发生型。8月中旬至12月为害柑橘。发生量最高的是9～10月间，即第三、四代幼虫发生量是全年的最高峰，也是以后为害橘果的主要虫源。防除第三、四代的幼虫，是减少吸果夜蛾为害的关键。

不同品种受害程度不同。早熟品种（如温州蜜柑）和含糖量高的品种（如甜橙）受害较重，迟熟、含糖量低的品种（如蕉柑、夏橙等）受害较轻。沙糖橘虽是迟熟品种，但含糖量高，地处山坑的橘园，亦常受其害。

（3）防治措施

①铲除柑橘园附近的寄主植物。2～3月喷除草剂铲除恶化第一、二代幼虫的生存条件，粉防己和木防己，或于7～9月间定期喷拟除虫菊酯类药物，杀死寄生在上述两种野生寄主上的第3、4代幼虫，减少10～11月份的果实被害。

②黄光驱虫与人工捕捉并举。吸果夜蛾为害较重的山区、半山区柑橘园，按平均每667米^{2}挂主波波长5 943纳米的40瓦黄色荧光管1支（地形复杂和梯田较多的果园要装2支）；光管呈垂直状态悬挂，光管末端距树冠1.5～2米，光管排列以果园边

缘为重点。从 8 月中旬开始，每天 19～21 时亮灯，直至 12 月早熟品种收果完毕。

亮灯期间，对背光地方，加以人工捕杀，防效更佳。

③喷药驱虫。从 8 月中旬开始，每隔 15～20 天喷 1 次 5.7%百树菊酯乳油 2 000～3 000 倍液，直至采果前 15～20 天停止喷药，对吸果夜蛾有一定的驱避和拒食作用。

④果实套袋。8 月中旬开始，在预先防治好锈蜘蛛之后，套纸袋或塑料袋，减少被害。

⑤选择适当品种。受害特别严重的果园，最好改种或高接换种迟熟品种，可大大减轻其为害。

12. 柑橘大绿蝽

广东地区为害柑橘的椿象主要有柑橘大绿蝽（角肩蝽、长吻蝽）、橘蝽、黄斑蝽和柑橘圆蝽等。其中最重要的是柑橘大绿蝽。

（1）识别特征

大绿蝽，成虫体呈长盾形，多为绿色，有时呈淡黄、黄褐等色。前胸背板前缘两侧成角状突出，故称为角肩蝽。其口器甚长，达腹部末端第二节，故又称为长吻蝽。

（2）发生与为害

大绿蝽 1 年发生 1 代。以成虫越冬。翌年 4 月上、中旬开始活动，在春梢上取食、交尾、产卵。5～6 月为产卵盛期。6 月若虫盛发，为害嫩枝、嫩叶，使叶片枯黄，嫩枝干枯。7、8 月份成虫为害加剧。以丝状口器插入果肉，吸食果汁，使被害果枯黄、脱落。

其天敌主要有卵寄生蜂（平腹小蜂、黑卵蜂等）。卵被寄生后，卵盖下有一黑环，卵渐呈灰黑色。此外，螳螂、黄猄蚁和鸟类亦是大绿蝽的天敌。

（3）防治措施

①人工捕杀和保护天敌。大绿蝽成虫、若虫在早晨、傍晚或

阴雨天多栖息于树冠外围的叶片或果实上，可在晨露未干、成虫不太活动时捕杀之。卵珠圆形、灰绿色，多产于叶面，集中成块。可于5~11月，定期巡视摘除之，但要注意保留已被天敌寄生的卵粒。

②化学防治。掌握每年5、6月份低龄若虫盛发期，喷施有机磷类药物，隔7~10天1次，连喷2次。药剂可选用：

1）90%敌百虫晶体800~1 000倍液。

2）80%敌敌畏乳油800~1 000倍液。

3）50%稻丰散（爱乐散）乳油800~1 000倍液。

13. 柑橘小实蝇

橘小实蝇属双翅目实蝇科昆虫。寄主范围甚广，除为害柑橘外，还可为害其他水果和蔬菜果实，总数超过250种。

（1）识别特征

成虫体长6~8毫米，体为深黑色与黄色相间。头部两复眼之间黄色，胸背黑褐色，具两条黄色纵纹。腹部5节，黄褐色，腹背有一丁字形黑纹和4~5条环纹相间。幼虫体长10~11毫米，黄白色，圆锥形，前端尖细，后端肥大，虫体略呈半透明。

（2）发生与为害

广东1年发生7~8代，南亚热带地区可能发生9~10代（代数多少视食物条件而定）。有世代重叠，无越冬现象。成虫早晨和上午羽化，中午停止，以8时前后出土最多。雌虫以产卵器刺破果皮产卵于果肉与果皮之间的内果皮层。每次产卵5~10粒，产卵期长达50天，1头雌虫一生可产卵200~400粒。一般孵化率可达80%。幼虫3龄，在果肉中取食6~10天，成老熟幼虫，便弹跳落地，入土化蛹。入土深5~7厘米。蛹期6~15天。成虫羽化出土。

该虫喜高温、高湿气候。5月以后随着气温上升，雨日增多，其种群数量明显上升。6~9月为全年发生高峰期，其中以

7～8月份峰值最高。此时的芒果、番石榴、黄皮等水果受害严重。10月以后种群开始下降，12月至次年3月种群数量最少。沙糖橘在正常年份，受害较轻。

（3）防治措施

①农业防治。

1）定期清洁果园。收集地上、树上的虫害果，集中烧毁、深埋或浸药处理。深埋处理必须深埋50厘米以上，并要压实填土；药浸处理：每667米^{2}果园设4～5个水缸，内装90%敌百虫晶体1 000倍液浸虫害果，若用清水浸果时间要延长7～8天。

2）柑橘园附近忌种番石榴、番木瓜、杨桃类果树和茄科、葫芦科蔬菜。

3）注意修剪，增加果园通风透光，降低果园湿度，剪下的枝条和落果一起集中烧毁。

②化学防治。

1）早期喷药诱杀。成虫羽化后，产卵前要吸取糖蜜为营养，在成虫尚未产卵时用90%敌百虫晶体或80%敌敌畏乳油1 000～1 500倍液加3%红糖，喷树冠，隔2行喷1行，隔7～10天1次，连喷3～4次。

2）诱杀雄虫。通常用甲基丁香酚作引诱剂，置诱捕器中，诱杀雄蝇，减少雌雄交配，从而抑制虫口密度增加。诱捕器可购买现成品，也可自制。自制诱捕器，是用1.25升的聚酯饮料瓶制成。先在瓶的中部两侧，各开一个直径6～8毫米的小孔，瓶内装入200～300毫升清水，然后将装有1毫升甲基丁香酚的小药瓶（商品装）的顶部开一小孔口，用小绳拴紧药瓶，悬挂于饮料瓶内的中部，小绳另一端捆缚于饮料瓶颈或固定于瓶盖上。盖上瓶盖，就可以把它挂在离地面1.5米高的树冠内，每667米^{2}挂2～3个。每10天左右，把诱捕器内的水连同死虫倒弃，换上清水，挂回原处。药瓶内的甲基丁香酚，一般可维持1个多月，若挥发干了，即换上新的一瓶。

用诱捕器诱杀只能杀死部分雄蝇，而且在果实未成熟时，诱杀效果较好，但到了果实成熟期，成虫大都集中到果实上为害，诱捕器的作用大减，此时必须采取树冠喷药除虫，即每隔7～10天喷施1次20％甲氰菊酯乳油3 000～4 000倍液，直至采果前15天停止喷药。

14. 柑橘蓟马

为害柑橘的蓟马，除柑橘蓟马外，还有柠檬蓟马、温室蓟马、豆条蓟马、柑橘皮蓟马等。华南地区发生最多，为害最大的是柑橘蓟马。

（1）识别特征

柑橘蓟马成虫体长约1毫米，纺锤形，橙黄色，体被细毛。前翅有纵脉1条，翅前缘具细缨毛。成虫羽化前发育经4龄，初2龄若虫外形与成虫相似，只是无外生翅芽。3龄若虫出现外生翅芽，称为前蛹，4龄为蛹，羽化为成虫。2龄若虫体棕黑色，为主要的取食虫态，也是防治的重点对象。

（2）发生与为害

柑橘蓟马在华南地区年发生7～8代。以卵在秋梢叶片内越冬。次年3～4月孵化为若虫，为害春梢嫩叶和幼果，以锉吸式口器穿刺、撕裂寄生部位的表皮组织，吸取汁液。为害果实时使被害处产生银白色或灰白色形状不一的大疤痕。疤痕上银白色或灰白色覆盖物容易被刮掉。嫩叶受害，使叶片变薄，中脉两侧出现银白色条斑，或使叶片表面呈灰褐色，严重时可使叶片扭曲变形。

蓟马对幼果的为害状与侧多食跗线螨的为害状十分相似。但亦有不同：跗线螨虽然也为害幼果，但为害期是6～10月份，膨大期的青果，使受害果皮形成灰白色有龟裂纹的大疤痕，而蓟马为害果实造成的疤痕无龟裂纹。

（3）防治方法

柑橘蓟马的第一、二代，是主要的为害世代。这两个世代的发生期正是沙糖橘的花期和幼果期。若此时幼果被害，将造成大量的疤痕果。抓好1、2代的防治，是全年防控蓟马的关键。从3月下旬开始，必须加强虫情监测，具体做法是每隔7～10天，选晴天全园检查一遍，随机在树冠外围采样，用放大镜检查花、果萼片附近的蓟马若虫数量。若谢花后期（第一次生理落果期）到第二次生理落果期间，有5％以上幼果有虫；第二次生理落果后至秋梢萌发期，若15％幼果有虫或被害，就应选用以下药剂之一进行防治：

1）80％敌敌畏乳油或90％敌百虫晶体、40％乐果乳油、鱼藤精1 000倍液，喷雾。

2）40％乙酰甲胺磷乳油或50％稻丰散乳油1 000倍液，喷雾。

3）50％辛硫磷乳油1 500～2 000倍液，喷雾。

15. 柑橘花蕾蛆

花蕾蛆，又称柑橘蕾瘿蚊，属双翅目，瘿蚊科。国内大多数柑橘主产区均有分布。寄主植物仅为柑橘类。

（1）识别特征

雌成虫体长1.8～2.0毫米。头部黑色，胸腹部墨绿色，胸部背面隆起，全身满布黑褐色细毛。翅长圆形，翅上密生弯曲细毛，翅边缘有缘毛。足细长，密生短毛。腹部可见8节，第九节延伸成为产卵器。

雄成虫体略小，体长约1.5毫米，灰黄色，触角鞭节中的各节均呈哑铃状。

幼虫体长2.0～2.8毫米，宽0.8～1.0毫米，呈圆锥形，黄白色，入土后为橘黄色。前胸腹面有一个黄褐色Y状骨片。蛹淡灰黄色，纺锤形，体长1.5～1.8毫米。

（2）发生与为害

花蕾蛆年发生1～2代。江西、湖南、湖北年发生1代，四川年发生1代，但少数地区有第二代成虫出现。广东大部分地区年发生2代。每年2月中旬越冬蛹开始羽化为成虫。成虫出土后，飞到花蕾中产卵。过15～20天，第一代老熟幼虫弹跳落地或随受害花蕾坠地入土，3月中旬化蛹，3月下旬第二代成虫羽化，又在花期较晚的柑橘花蕾上产卵，然后以老熟幼虫入土越冬。成虫多在傍晚产卵，卵产于花丝和子房周围，3～4天卵孵化成幼蛆。受害花蕾变扁而短，畸形，似灯笼状，不能开花结果。幼虫在蕾内经10天左右成熟，弹跳落地或随花蕾坠落入土，入土深度5～7厘米。

（3）防治方法

防治花蕾蛆必须抓好两个环节：一是防止成虫出土，上树产卵；二是防止已为害花蕾的幼虫入土化蛹或越冬，从而压低第二代或越冬代的虫口基数，所以必须采取以下的防治措施。

①地膜覆盖。在花蕾露白之前，以农用透明地膜覆盖全园地面（未封行的初投产树，则覆盖至树冠周缘以外60厘米处），防止羽化成虫上树产卵。谢花后揭膜，洗净，保存，明年再用。

②杀灭入土前的幼虫。

1）沙糖橘始花期，及时清除被害花蕾，集中深埋或烧毁。

2）地面施药。幼虫落地之前用50%辛硫磷颗粒剂2千克，或10%二嗪农颗粒剂1千克混细土25千克，均匀撒施地面；用2.5%溴氰菊酯乳油或20%速灭杀丁（氰戊菊酯）乳油3 000～5 000倍液，喷地面。

③树冠喷药。若已有部分成虫出土上树，则必须立即用80%敌敌畏乳油或90%晶体敌百虫800～1 000倍液，喷树冠。

16. 同型巴蜗牛

同型巴蜗牛又名旱螺、小螺蛳，属软体动物，腹足纲，巴蜗牛科。杂食性，除为害柑橘类果树外，也为害其他果树、棉花、蔬菜等作物。分布广，除分布于长江流域以南的各省（自治区）外，还分布于河北、内蒙古、台湾等省（自治区）。

（1）识别特征

成螺贝壳黄褐色，扁球形，具5个螺层。体软，黄褐色，蛰伏时，软体缩于壳内，外出取食时，头和腹足伸出壳外，头上的两对触角亦同时伸出。凭腹足的移动，可把螺体从地面沿树干爬至1～2米高的树梢。取食时凭齿舌刮食叶片的叶肉或枝条皮层。若遇高温、干旱等不良环境时，常分泌黏液，形成灰白色蜡状膜，封闭壳口，蛰伏不动，恶劣环境过后即恢复活动。

（2）发生与为害

同型巴蜗牛在广东1年发生1代。但出现两次为害高峰期，第一次高峰发生于3～5月份，主要为害春梢枝叶和幼果，严重受害的幼果脱落，轻度受害的幼果，虽然不脱落，但后期成为疤痕果。第二次高峰发生于9～11月，主要为害秋梢枝叶和将成熟的果实。被害叶片穿孔或缺刻，取食枝条表皮，使之干枯；果实被害造成大小不一的孔洞，使之质差、味淡，失去食用价值。

同型巴蜗牛畏光、怕热、怕干燥，喜生活于阴暗、潮湿处。晴天只在清晨和傍晚外出取食，阴雨天则整天取食。该蜗牛有蛰伏越夏、越冬习性。

（3）防治措施

①放鸡、鸭啄食。在为害高峰期前夕，蜗牛尚未上树为害之前，在果园内放养成年鸡、鸭啄食蜗牛，可十分有效地消除其为害。

②堆草诱杀。3月上、中旬，果园内每隔4～5米放一堆青草或阔叶树枝、叶，晴天隔日，阴雨天每日清晨捕杀草堆下

蜗牛。

③石灰粉触杀。晴天早晨或傍晚，全园撒施熟石灰粉，每667 米^2 25～30 千克，隔 5～7 天撒 1 次，连施 2 次。

④毒土防除。每 667 米^2 用 6％密达（四聚乙醛）颗粒剂 0.5 千克，拌细土 10～15 千克，在为害高峰期前，蜗牛尚未上树时，均匀撒于果园地面上。

⑤喷药驱杀。在早上 8 时前，傍晚 6 时后，对树盘地面、树干和梯田之梯壁喷洒 1％～5％食盐溶液或 1％的茶籽饼浸出液或氨水的 700 倍液。

参 考 文 献

[1] 何天富等. 柑橘学 [M]. 北京：中国农业出版社，1999.

[2] 沈德绪，王元裕，陈力耕. 柑橘遗传育种学 [M]. 北京：科学出版社，1998.

[3] 广东省农业委员会科教处，广东省农业科学院果树研究所. 广东柑橘图谱 [M]. 广州：广东科技出版社，1996.

[4] 中国柑橘学会. 中国柑橘品种 [M]. 北京：中国农业出版社，2008

[5] Khan I A. Citrus genetics, Breeding and biotechnology [M]. Oxfordshire：CAB International，2007.

[6] 叶自行，曾泰，许建楷，等. 无籽沙糖橘（十月橘）的选育 [J]. 果树学报，2006，23（1）：149－150.

[7] 叶自行，胡桂兵，许建楷，等. 无籽沙糖橘优质丰产栽培管理技术 [J]. 中国热带农业，2007（2）：60－61.

[8] 叶自行，胡桂兵，许建楷，等. 无籽沙糖橘控夏梢技术 [J]. 中国热带农业，2008（3）：61－62.

[9] 叶自行，胡桂兵，许建楷，等. 无籽沙糖橘放秋梢技术 [J]. 广东农业科学，2008（11）：122－123.

[10] 叶自行，胡桂兵，许建楷，等. 无籽沙糖橘促花技术 [J]. 中国热带农业，2008（5）：54－56

[11] 罗志达，叶自行，许建楷，等. 柑橘黄龙病的田间诊断方法 [J]. 广东农业科学，2009（3）：91－93.

[12] 叶自行，胡桂兵，许建楷，等. 一年施肥二次省工省钱 [N]. 南方农村报，2009－03－19.

[13] 叶自行，胡桂兵，许建楷，等. 直接放秋梢省工又悭钱 [N]. 南方农村报，2009－03－28.

[14] 叶自行，胡桂兵，许建楷，等. 内膛枝不能随意前除 [N]. 南方农

村报，2009-04-02.

[15] 叶自行，胡桂兵，许建楷，等．保果喷药不宜多环剥一次就好[N]．南方农村报，2009-04-07（10）．

[16] 叶自行，胡桂兵，许建楷，等．促花措施适当加重［N］．南方农村报，2009-04-16（12）．

[17] 叶自行，胡桂兵，许建楷，等．7月开始裂果5月动手预防［N］．南方农村报，2009-04-28（09）．

注：书中所提供的农药、化肥的种类、施用浓度和施用量，会因作物种类和品种、生长时期及产地生态环境条件的差异而有一定的变化，故仅供参考。实际应用以购产品使用说明书为准。

图书在版编目（CIP）数据

无籽沙糖橘高效栽培新技术/叶自行，胡桂兵，许
建楷主编 . —北京：中国农业出版社，2010.2
（2019.4 重印）
ISBN 978 - 7 - 109 - 14361 - 6

Ⅰ.①无… Ⅱ.①叶…②胡…③许… Ⅲ.①橘－果
树园艺 Ⅳ.①S666.2

中国版本图书馆 CIP 数据核字（2010）第 016207 号

中国农业出版社出版
（北京市朝阳区麦子店街 18 号楼）
（邮政编码 100125）
责任编辑 黄 宇 张 利

中国农业出版社印刷厂印刷 新华书店北京发行所发行
2010 年 2 月第 1 版 2019 年 4 月北京第 5 次印刷

开本：850mm×1168mm 1/32 印张：5 插页：4
字数：122 千字 印数：13 001～16 000 册
定价：15.00 元
（凡本版图书出现印刷、装订错误，请向出版社发行部调换）